BIBLIOTHÈQUE

MORALE ET LITTÉRAIRE

In-8° Deuxième Série.

HISTOIRE DES ANIMAUX

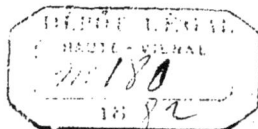

HISTOIRE

DES ANIMAUX

PAR BUFFON.

LIMOGES
ANCIENNE MAISON BARBOU FRÈRES
Ch. BARBOU, IMPRIMEUR-LIBRAIRE-ÉDITEUR
Avenue du Crucifix.

HISTOIRE DES ANIMAUX

—

ANIMAUX DOMESTIQUES

L'homme change l'état naturel des animaux en les
forçant à lui obéir, et les faisant servir à son usage :
un animal domestique est un esclave dont on s'amuse,
dont on se sert, dont on abuse, qu'on altère, qu'on
dépayse et que l'on dénature ; tandis que l'animal sauvage, n'obéissant qu'à la nature, ne connaît d'autres

lois que celles du besoin et de la liberté. L'histoire d'un animal sauvage est donc bornée à un petit nombre de faits émanés de la simple nature, au lieu que l'histoire d'un animal domestique est compliquée de tout ce qui a rapport à l'art que l'on emploie pour l'apprivoiser ou pour le subjuguer ; et comme on ne sait pas assez combien l'exemple, la contrainte, la force de l'habitude, peuvent influer sur les animaux et changer leurs mouvements, leurs déterminations, leurs penchants, le but d'un naturaliste doit être de les observer assez pour pouvoir distinguer les faits qui dépendent de l'instinct, de ceux qui ne viennent que de l'éducation ; reconnaître ce qui leur appartient et ce qu'ils ont emprunté ; séparer ce qu'ils font de ce qu'on leur fait faire, et ne jamais confondre l'animal avec l'esclave, la bête de somme avec la créature de Dieu.

L'empire de l'homme sur les animaux est un empire légitime qu'aucune révolution ne peut détruire : c'est l'empire de l'esprit sur la matière ; c'est non-seulement

un droit de nature , un pouvoir fondé sur des lois inal-
térables , mais c'est encore un don de Dieu , par lequel
l'homme peut reconnaître à tout instant l'excellence de
son être ; car ce n'est pas parce qu'il est le plus parfait,
le plus fort ou le plus adroit des animaux , qu'il leur
commande : s'il n'était que le premier du même ordre ,
les seconds se réuniraient pour lui disputer l'empire ;
mais c'est par supériorité de nature que l'homme règne
et commande ; il pense , et dès-lors il est le maître des
êtres qui ne pensent point.

Il est maître des corps bruts , qui ne peuvent opposer
à sa volonté qu'une lourde résistance ou qu'une inflexi-
ble dureté, que sa main sait toujours surmonter et vaincre en les faisant agir les uns contre les autres ; il est
maître des végétaux , que par son industrie il peut
augmenter , diminuer, renouveler, dénaturer , détruire,
ou multiplier à l'infini; il est maître des animaux, parce
que non-seulement il a comme eux du mouvement et du
sentiment , mais qu'il a de plus la lumière de la pensée,

1..

qu'il connaît les fins et les moyens, qu'il sait diriger ses actions, concerter ses opérations, mesurer ses mouvements, vaincre la force par l'esprit, et la vitesse par l'emploi du temps.

Cependant parmi les animaux les uns paraissent être plus ou moins familiers, plus ou moins sauvages, plus ou moins doux, plus ou moins féroces. Que l'on compare la docilité et la soumission du chien avec la fierté et la férocité du tigre, l'un paraît être l'ami de l'homme et l'autre son ennemi : son empire sur les animaux n'est donc pas absolu ; combien d'espèces savent se soustraire à sa puissance par la rapidité de leur vol, par la légèreté de leur course, par l'obscurité de leur retraite, par la distance que met entre eux et l'homme l'élément qu'ils habitent ! combien d'autres espèces lui échappent par leur seule petitesse ! et enfin combien y en a-t-il qui, bien loin de reconnaître leur souverain, l'attaquent à force ouverte, sans parler de ces insectes qui semblent l'insulter par leurs piqûres, de ces serpents dont la morsure porte le poison et la mort, et de tant d'autres

bêtes immondes , inutiles , qui semblent n'exister que
pour former la nuance entre le mal et le bien , et faire
sentir à l'homme combien depuis sa chute, il est peu
respecté !

C'est qu'il faut distinguer l'empire de Dieu du domaine
de l'homme. Dieu, créateur des êtres , est seul maître de
la nature : l'homme ne peut rien sur le produit de la
création, il ne peut rien sur les mouvements des corps
célestes , sur les révolutions de ce globe qu'il habite ; il
ne peut rien sur les animaux , les végétaux , les minéraux en général ; il ne peut rien sur les espèces, il ne
peut que sur les individus; car les espèces en général et
la matière en bloc appartiennent à la nature , ou plutôt
la constituent : tout se passe, se suit , se succède, se renouvelle et se meut par une puissance irrésistible ;
l'homme , entraîné lui-même par le torrent des temps ,
ne peut rien pour sa propre durée ; lié par son corps à
la matière, enveloppé dans le tourbillon des êtres, il est
forcé de subir la loi commune ; il obéit à la même puissance, et, comme tout le reste, il naît, croît et périt.

Mais le rayon divin dont l'homme est animé l'ennoblit et l'élève au-dessus de tous les êtres matériels; cette substance spirituelle, loin d'être sujette à la matière, a le droit de la faire obéir; et quoiqu'elle ne puisse pas commander à la nature entière, elle domine sur des être particuliers : Dieu, source unique de toute lumière et de toute intelligence, régit l'univers et les espèces entières avec une puissance infinie; l'homme qui n'a qu'un rayon de cette intelligence, n'a de même qu'une puissance limitée à de petites portions de matière, et n'est maître que des individus.

C'est donc par les talents de l'esprit, et non par la force et par les autres qualités de la matière, que l'homme a su subjuguer les animaux : dans les premiers temps ils devaient être tous également indépendants; l'homme, devenu criminel et féroce, était peu propre à les apprivoiser; il a fallu du temps pour les approcher, pour les reconnaître, pour les choisir, pour les dompter; il a fallu qu'il fût civilisé lui-même, pour savoir instruire et commander; et l'empire sur les animaux, comme tous les au.res empires, n'a été fondé qu'après la société.

C'est d'elle que l'homme tient sa puissance ; c'est par elle qu'il a perfectionné sa raison, exercé son esprit et réuni ses forces : auparavant l'homme était peut-être l'animal le plus sauvage et le moins redoutable de tous : nu, sans armes et sans abri, la terre n'était pour lui qu'un vaste désert peuplé de monstres, dont souvent il devenait la proie; et même longtemps après, l'histoire nous dit que les premiers héros n'ont été que des destructeurs de bêtes (1).

Mais lorsque avec le temps l'espèce humaine s'est étendue, multipliée, répandue ; et qu'à la faveur des arts et de la société l'homme a pu marcher en force pour conquérir l'univers, il a fait reculer peu à peu les bêtes

(1) Buffon partage ici l'erreur d'une secte philosophique de son temps. La société a été créée par Dieu dès l'origine de l'humanité, et il est historiquement démontré que l'homme a commencé par la civilisation.

féroces, il a purgé la terre de ces animaux gigantesques dont nous trouvons encore les ossements énormes, il a détruit ou réduit à un petit nombre d'individus les espèces voraces et nuisibles, il a opposé les animaux aux animaux ; et subjuguant les uns par adresse, domptant les autres par la force, ou les écartant par le nombre et les attaquant tous par des moyens raisonnés, il est parvenu à se mettre en sûreté, et à établir un empire qui n'est borné que par les lieux inaccessibles, les solitudes reculées, les sables brûlants, les montagnes glacées, les cavernes obscures, qui servent de retraites au petit nombre d'espèces d'animaux indomptables.

LE CHEVAL

La plus noble conquête que l'homme ait jamais faite
est celle de ce fier et fougueux animal, qui partage avec
lui les fatigues de la guerre et la gloire des combats;
aussi intrépide que son maître, le cheval voit le péril et
l'affronte; il se fait au bruit des armes, il l'aime, il le
cherche et s'anime de la même ardeur : il partage aussi
ses plaisirs; à la chasse, aux tournois, à la course, il
brille, il étincelle. Mais, docile autant que courageux,
il ne se laisse point emporter à son feu; il sait répri-
mer ses mouvements : non-seulement il fléchit sous la
main de celui qui le guide, mais il semble consulter ses

désirs, et; obéissant toujours aux impressions qu'il en reçoit, il se précipite, se modère ou s'arrête : c'est une créature qui renonce à son être pour n'exister que par la volonté d'un autre, qui sait même la prévenir; qui, par la promptitude et la précision de ses mouvements, l'exprime et l'exécute; qui sent autant qu'on le désire, et ne rend autant qu'on veut; qui se livrant sans réserve, ne se refuse à rien, sert de toutes ses forces, s'excède, et même meurt pour mieux obéir.

Voilà le cheval dont les talents sont développés, dont l'art a perfectionné les qualités naturelles, qui dès le premier âge a été soigné et ensuite exercé, dressé au service de l'homme : c'est par la perte de sa liberté que commence son éducation, et c'est par la contrainte qu'elle s'achève. L'esclavage ou la domesticité de ces animaux est même si universelle, si ancienne, que nous ne les voyons que rarement dans leur état naturel : ils sont toujours couverts de harnais dans leurs travaux; on ne les délivre jamais de tous leurs liens, même dans les temps du repos; et si on les laisse quelquefois errer en liberté dans les pâturages, ils y portent toujours les marques de la servitude, et souvent les empreintes cruelles du travail et de la douleur; la bouche est déformée par les plis que le mors a produits; les flancs sont entamés par des plaies, ou sillonnés de cicatrices faites par l'éperon; la corne des pieds est traversée par des clous. L'attitude du corps est encore gênée par l'impression subsistante des entraves habituelles; on les en délivrerait en vain, ils n'en seraient pas plus libres, ceux mêmes dont l'esclavage est le plus doux, qu'on ne nourrit, qu'on n'entretient que pour le luxe et la magnificence, et dont les chaînes dorées servent moins à leur parure qu'à la vanité de leur maître, sont encore plus déshonorés par l'élégance de leur toupet, par les tresses de leurs crins, par l'or et la soie dont on les couvre, que par les fers qui sont sous leurs pieds.

La nature est plus belle que l'art; et, dans un être animé, la liberté des mouvements fait la belle nature. Voyez ces chevaux qui se sont multipliés dans les contrées de l'Amérique espagnole, et qui vivent en chevaux libres : leur démarche, leur course, leurs sauts ne sont ni gênés, ni mesurés : fiers de leur indépendance, ils fuient la présence de l'homme, ils dédaignent ses soins; ils cherchent et trouvent eux-mêmes la nourriture qui leur convient; ils errent, ils bondissent en liberté dans des prairies immenses, où ils cueillent les productions nouvelles d'un printemps toujours nouveau; sans habitation fixe, sans autre abri que celui d'un ciel serein, ils respirent un air plus pur que celui de ces palais voûtés où nous les renfermons, en pressant les espaces qu'ils doivent occuper : aussi ces chevaux sauvages sont-ils beaucoup plus forts, plus légers, plus nerveux que la plupart des chevaux domestiques; ils ont ce que donne la nature, la force et la noblesse; les autres n'ont que ce que l'art peut donner, l'adresse et l'agrément.

Le naturel de ces animaux n'est point féroce, ils sont seulement fiers et sauvages. Quoique supérieurs par la force à la plupart des autres animaux, jamais ils ne les attaquent; et s'ils en sont attaqués, ils les dédaignent, les écartent, ou les écrasent. Ils vont aussi par troupes, et se réunissent pour le seul plaisir d'être ensemble; car ils n'ont aucune crainte, mais ils prennent de l'attachement les uns pour les autres. Comme l'herbe et les végétaux suffisent à leur nourriture, qu'ils ont abondamment de quoi satisfaire leur appétit, et qu'ils n'ont aucun goût pour la chair des animaux, ils ne leur font point la guerre, ils ne se la font point entre eux, ils ne se disputent pas leur subsistance; ils n'ont jamais occasion de ravir une proie ou de s'arracher un bien, sources ordinaires de querelles et de combats parmi les animaux carnassiers : ils vivent donc en paix, parce que leurs appétits sont simples et modérés, et qu'ils ont assez pour ne rien envier.

Tout cela peut se remarquer dans les jeunes chevaux qu'on élève ensemble et qu'on mène en troupeaux; ils ont les mœurs douces et les qualités sociales; leur force et leur ardeur ne se marquent ordinairement que par des signes d'émulation; ils cherchent à se devancer à la course, à se faire et même s'animer au péril en se défiant à traverser une rivière, sauter un fossé ; et ceux qui dans ces exercices naturels donnent l'exemple, ceux qui d'eux-mêmes vont les premiers, sont les plus généreux, les meilleurs et souvent les plus dociles et les plus souples, lorsqu'ils sont une fois domptés.

Quelques anciens auteurs parlent des chevaux sauvages, et citent même les lieux où ils se trouvaient. Hérodote dit que, sur les bords de l'Hypanis en Scythie, il y avait des chevaux sauvages qui étaient blancs, et que dans la partie septentrionale de la Thrace au-delà du Danube, il y en avait d'autres qui avaient le poil long de cinq doigts par tout le corps. Aristote cite la Syrie, Pline les pays du Nord, Strabon les Alpes et l'Espagne, comme des lieux où on trouve des chevaux sauvages. Parmi les modernes, Cardan dit la même chose de l'Ecosse et des Orcades, Olaüs de la Moscovie, Dapper de l'île de Chypre, où il y avait, dit-il, des chevaux sauvages qui étaient beaux, et qui avaient de la force et de la vitesse ; Struys de l'île de May au cap Vert, où il y avait des chevaux sauvages fort petits. Léon l'Africain rapporte aussi qu'il y avait des chevaux sauvages dans les déserts de l'Afrique et de l'Arabie, et il assure qu'il a vu lui-même, dans les solitudes de Numidie, un poulain dont le poil était blanc et la crinière crépue. Marmol confirme ce fait, en disant qu'il y en a quelques-uns dans les déserts de l'Arabie et de la Libye, qu'ils ont la crinière et les crins fort courts et hérissés, et que les chiens ni les chevaux domestiques ne peuvent les atteindre à la course. On trouve aussi dans les *Lettres édifiantes* qu'à la Chine, il y a des chevaux sauvages fort petits.

Comme toutes les parties de l'Europe sont aujourd'hui peuplées et presque également habitées, on n'y trouve plus de chevaux sauvages, et ceux que l'on voit en Amérique sont des chevaux domestiques et européens d'origine, que les Espagnols y ont transportés et qui se sont multipliés dans les vastes déserts de ces contrées inhabitées ou dépeuplées ; car cette espèce d'animaux man-

quait au nouveau monde. L'étonnement et la frayeur
que marquèrent les habitants du Mexique et du Pérou à
l'aspect des chevaux et des cavaliers, firent assez voir
aux Espagnols que ces animaux étaient absolument inconnus dans ces climats; ils en transportèrent donc un
grand nombre, tant pour leur service et leur utilité
particulière que pour en propager l'espèce; ils en lâchè-
rent dans plusieurs îles, et même dans le continent, où
ils se sont multipliés comme les autres animaux sauvages. M. de la Salle en a vu en 1685 dans l'Amérique septentrionale, près de la baie Saint-Louis; ces chevaux
paissaient dans les prairies, et ils étaient si farouches,
qu'on ne pouvait les approcher. L'auteur de l'*Histoire
des aventuriers flibustiers* dit « qu'on voit quelquefois
» dans l'île Saint-Domingue des troupes de plus de cinq
» cents chevaux qui courent tous ensemble, et que, lors-
» qu'ils aperçoivent un homme, ils s'arrêtent tous; que
» l'un d'eux s'approche à une certaine distance, souffle
» des naseaux, prend la fuite, et que tous les autres le
» suivent. » Il ajoute qu'il ne sait si ces chevaux ont
dégénéré en devenant sauvages, mais qu'il ne les a
pas trouvés aussi beaux que ceux d'Espagne, quoiqu'ils
soient de cette race. « Ils ont, dit-il, la tête fort grosse,
» aussi bien que les jambes, qui de plus sont raboteu-
» ses; ils ont aussi les oreilles et le cou longs: les ha-
» bitants du pays les apprivoisent aisément, et les font
» ensuite travailler; les chasseurs leur font porter leurs
» cuirs. On se sert pour les prendre de lacs de corde,
» qu'on tend dans les endroits où ils fréquentent; ils
» s'y engagent aisément, et s'ils se prennent par le cou,
» ils s'étranglent eux-mêmes, à moins qu'on n'arrive
» assez tôt pour les secourir; on les arrête par le corps
» et les jambes, et on les attache à des arbres, où on les
» laisse pendant deux jours sans boire ni manger : cette
» épreuve suffit pour commencer à les rendre dociles, et
» avec le temps ils le deviennent autant que s'ils n'eus-
» sent jamais été farouches; et même si par quelque
» hasard ils se retrouvent en liberté, ils ne devien-
» nent pas sauvages une seconde fois, ils reconnaissent
» leurs maîtres, et se laissent approcher et reprendre
» aisément. »

Cela prouve que ces animaux sont naturellement doux, et très-disposés à se familiariser avec l'homme et à s'attacher à lui : aussi n'arrive-t-il jamais qu'aucun d'eux quitte nos maisons pour se retirer dans les forêts, ou dans les déserts ; ils marquent au contraire beaucoup d'empressement pour revenir au gîte, où cependant ils ne trouvent qu'une nourriture grossière, et toujours la même, et ordinairement mesurée sur l'économie beaucoup plus que sur leur appétit; mais la douceur de l'habitude leur tient lieu de ce qu'ils perdent d'ailleurs: après avoir été excédés de fatigue, le lieu du repos est un lieu de délices; ils le sentent de loin, ils savent le reconnaître au milieu des plus grandes villes, et semblent préférer en tout l'esclavage à la liberté : ils se font même une seconde nature des habitudes auxquelles on les a forcés ou soumis, puisqu'on a vu des chevaux, abandonnés dans les bois, hennir continuellement pour se faire entendre, accourir à la voix des hommes, et en même temps maigrir et dépérir en peu de temps, quoiqu'ils eussent abondamment de quoi varier leur nourriture.

Leurs mœurs viennent donc presque en entier de leur éducation, et cette éducation suppose des soins et des peines que l'homme ne prend pour aucun autre animal, mais dont il est dédommagé par les services continuels que lui rend celui-ci. Dès le temps du premier âge on a soin de séparer les poulains de leur mère : on les laisse téter pendant cinq, six ou tout au plus sept mois; car l'expérience a fait voir que ceux qu'on laisse téter dix ou onze mois ne valent pas ceux qu'on sèvre plus tôt; quoiqu'ils prennent ordinairement plus de chair et de corps après ces six ou sept mois de lait, on les sèvre pour leur faire prendre une nourriture plus solide que le lait; on leur donne du son deux fois par jour, et un peu de foin, dont on augmente la quantité à mesure qu'ils avancent en âge, et on les garde dans l'écurie tant qu'ils marquent de l'inquiétude pour retourner à leur mère; mais lorsque cette inquiétude est passée, on les laisse sortir par le beau temps, et on les conduit aux pâturages ; seulement il faut prendre garde de les laisser paître à jeun ; il faut leur donner le son et les faire boire une heure avant de les mettre à l'herbe, et ne jamais les exposer au grand froid ni à la pluie. Ils passent de cette façon le premier hiver : au mois de mai suivant, non-seulement on leur permettra de pâturer tous les jours, mais on les laissera coucher à l'air dans les pâturages pendant tout l'été et jusqu'à la fin d'octobre, en observant seulement de ne leur pas laisser paître les regains ; s'ils s'accoutumaient à cette herbe trop fine, ils se dégoûteraient du foin, qui doit cependant faire leur principale nourriture pendant leur second hiver, avec du son mêlé d'orge ou d'avoine moulus ; on les conduit de cette façon en les laissant pâturer le jour pendant l'hiver, et la nuit pendant l'été, jusqu'à l'âge de quatre ans, qu'on les retire du pâturage pour les nourrir à l'herbe sèche. Ce changement de nourriture demande quelques précautions : on ne leur donnera pendant les premiers huit jours que de la paille, et on fera bien de leur faire prendre quelques breuvages contre les vers, que les mauvaises digestions d'une herbe trop crue peuvent avoir produits. M. de Garsault, qui recommande cette pratique, est sans doute fondé sur l'expérience ; cependant on verra qu'à tout âge et dans tous les temps l'estomac de tous les chevaux est farci d'une si prodigieuse quantité de vers, qu'ils semblent faire partie de leur constitution : nous les avons trouvés dans les chevaux sains comme dans les chevaux malades, dans ceux qui paissaient l'herbe comme dans ceux qui ne mangeaient que du l'avoine et du foin ; et les ânes, qui de tous les animaux sont ceux qui approchent le plus de la nature du cheval, ont aussi cette prodigieuse quantité de vers dans l'estomac, et n'en sont pas plus incommodés : ainsi on ne doit pas regarder les vers, du moins ceux dont nous parlons, comme une maladie accidentelle, causée par les mauvaises digestions d'une herbe crue, mais plutôt comme un effet dépendant de la nourriture et de la digestion ordinaire de ces animaux.

Il faut avoir attention, lorsqu'on sèvre les jeunes poulains, de les mettre dans une écurie propre, qui ne soit pas trop chaude, crainte de les rendre trop délicats et

trop sensibles aux impressions de l'air; on leur donnera
souvent de la litière fraîche; on les tiendra propres en
les bouchonnant de temps en temps : mais il ne faudra
les panser à la main qu'à l'âge de deux ans et demi ou
trois ans : ce frottement trop rude leur causerait de la
douleur; leur peau est encore trop délicate pour le souffrir, et ils dépériraient au lieu de profiter. Il faut aussi
avoir soin que le râtelier et la mangeoire ne soient pas
trop élevés : la nécessité de lever la tête trop haut pour
prendre leur nourriture pourrait leur donner l'habitude
de la porter de cette façon, ce qui leur gâterait l'encolure. Lorsqu'ils auront un an ou dix-huit mois, on leur
tondra la queue; les crins repousseront, et deviendront
plus forts et plus touffus. Dès l'âge de deux ans il faut
séparer les poulains, mettre les mâles avec les chevaux,
et les femelles avec les juments.

A l'âge de trois ans ou trois ans et demi, on doit commencer à les dresser et à les rendre dociles : on leur
mettra d'abord une légère selle et aisée, et on les laissera sellés pendant deux ou trois heures chaque jour;
on les accoutumera de même à recevoir un bridon dans
la bouche, et à se laisser lever les pieds, sur lesquels
on frappera quelques coups comme pour les ferrer; et si
ce sont des chevaux destinés au carrosse et au trait, on
leur mettra un harnais sur le corps et un bridon : dans
les commencements il ne faut point de bride, ni pour
les uns ni pour les autres : on les fera trotter ensuite à
la longe avec un caveçon sur le nez, sur un terrain
uni, sans être montés, et seulement avec la selle ou le
harnais sur le corps; et lorsque le cheval de selle tour-
nera facilement, et viendra volontiers auprès de celui
qui tient la longe, on le montera et descendra dans la
même place et sans le faire marcher, jusqu'à ce qu'il ait
quatre ans, parce qu'avant cet âge il n'est pas encore
assez fort pour n'être pas, en marchant, surchargé du
poids du cavalier; mais à quatre ans on le montera pour
le faire marcher au pas ou au trot, et toujours à petites
reprises. Quand le cheval de carrosse sera accoutumé au
harnais, on l'attellera avec un autre cheval fait, en lui
mettant une bride, et on le conduira avec une longe pas-

sée dans la bride , jusqu'à ce qu'il commence à être sage
au trait ; alors le cocher essaiera de le faire reculer,
ayant pour aide un homme devant , qui le poussera en
arrière avec douceur , et même lui donnera de petits
coups pour l'obliger à reculer. Tout cela doit se faire
avant que les jeunes chevaux aient changé de nourriture ; car quand une fois ils sont ce qu'on appelle en-
grainés, c'est-à-dire lorsqu'ils sont au grain et à la paille,
comme ils sont plus vigoureux, on a remarqué qu'ils
étaient moins dociles , et plus difficiles à dresser.

Le mors et l'éperon sont deux moyens qu'on a imaginés pour les obliger à recevoir le commandement , le
mors pour la précision , et l'éperon pour la promptitude
des mouvements. La bouche ne paraissait pas destinée
par là nature à recevoir d'autres impressions que celles
du goût et de l'appétit, cependant elle est d'une si grande
sensibilité dans le cheval , que c'est à la bouche, par
préférence à l'œil et à l'oreille, qu'on s'adresse pour
transmettre au cheval les signes de la volonté; le moindre mouvement ou la plus petite pression du mors suffit
pour avertir et déterminer l'animal ; et cet organe de
sentiment n'a d'autre défaut que celui de sa perfection
même; sa trop grande sensibilité veut être ménagée; car
si on en abuse, on gâte la bouche du cheval, en la ren-
dant insensible à l'impression du mors. Les sens de la
vue et de l'ouïe ne seraient pas sujets à une telle altération et ne pourraient être émoussés de cette façon ; mais
apparemment on a trouvé des inconvénients à commander aux chevaux par ces organes, et il est vrai que les
signes transmis par le toucher font beaucoup plus d'effet
sur les animaux en général, que ceux qui leur sont
transmis par l'œil ou par l'oreille. D'ailleurs , la situation des chevaux par rapport à celui qui les monte ou
qui les conduit rend les yeux presque inutiles à cet effet,
puisqu'ils ne voient que devant eux , et que ce n'est
qu'en tournant la tête qu'ils pourraient apercevoir les
signes qu'on leur ferait; et quoique l'oreille soit un sens
par lequel on les anime et on les conduit souvent, il paraît qu'on a restreint et laissé aux chevaux grossiers
l'usage de cet organe, puisqu'au manège, qui est le lieu

de la plus parfaite éducation, l'on ne parle presque point aux chevaux, et qu'il ne faut pas même qu'il paraisse qu'on les conduise. En effet, lorsqu'ils sont bien dressés, la moindre pression des cuisses, le plus léger mouvement du mors suffit pour les diriger ; l'éperon est même inutile ; ou du moins on ne s'en sert que pour le forcer à faire des mouvements violents ; et lorsque, par l'ineptie du cavalier, il arrive qu'en donnant de l'éperon il retient la bride, le cheval, se trouvant excité d'un côté et retenu de l'autre, ne peut que se cabrer en faisant un bond sans sortir de sa place.

On donne à la tête du cheval, par le moyen de la bride, un air avantageux et relevé : on la place comme elle doit être, et le plus petit signe ou le plus petit mouvement du cavalier suffit pour faire prendre au cheval ses différentes allures. La plus naturelle est peut-être le trot ; mais le pas, et même le galop, sont plus doux pour le cavalier, et ce sont aussi les deux allures qu'on s'applique le plus à perfectionner. Lorsque le cheval lève la jambe de devant pour marcher, il faut que ce mouvement soit fait avec hardiesse et facilité, et que le genou soit assez plié : la jambe levée doit paraître soutenue un instant, et lorsqu'elle retombe, le pied doit être ferme et appuyer également sur la terre, sans que la tête du cheval reçoive aucune impression de ce mouvement : car lorsque la jambe retombe subitement, et que la tête baisse en même temps, c'est ordinairement pour soulager promptement l'autre jambe, qui n'est pas assez forte pour supporter seule tout le poids du corps. Ce défaut est très-grand, aussi bien que celui de porter le pied en dehors ou en dedans ; car il retombe dans cette même direction. L'on doit observer aussi que lorsqu'il appuie sur le talon, c'est une marque de faiblesse, et que quand il pose sur la pince, c'est une attitude fatigante et forcée que le cheval ne peut soutenir longtemps.

Le pas, qui est la plus lente de toutes les allures, doit cependant être prompt : il faut qu'il ne soit ni trop allongé ni trop raccourci, et que la démarche du cheval soit légère : cette légèreté dépend beaucoup de la liberté des épaules, et se reconnaît à la manière dont il porte la tête en marchant : s'il la tient haute et ferme, il est ordinairement vigoureux et léger; lorsque le mouvement des épaules n'est pas assez libre, la jambe ne se lève point assez, et le cheval est sujet à faire des faux pas, et à heurter du pied contre les inégalités du terrain ; et lorsque les épaules sont encore plus serrées, et que le mouvement des jambes en paraît indépendant, le cheval e fatigue, fait des chutes, et n'est capable d'aucun serice. Le cheval doit être sur la hanche, c'est-à-dire hauser les épaules et baisser la hanche en marchant; il doit aussi soutenir sa jambe et la lever assez haut ; mais s'il la soutient trop longtemps, s'il la laisse retomber trop lentement, il perd tout l'avantage de la légèreté, il devient dur, et n'est bon que pour l'appareil et pour piaffer.

Il ne suffit pas que les mouvements du cheval soient légers, il faut encore qu'ils soient égaux et uniformes dans le train du devant et dans celui du derrière; car si la croupe balance tandis que les épaules se soutiennent, le mouvement se fait sentir au cavalier par secousses et lui devient incommode : la même chose arrive lorsque le cheval allonge trop de la jambe de derrière, et qu'il la pose au-delà de l'endroit où le pied de devant a porté. Les chevaux dont le corps est court sont sujets à ces défauts, ceux dont les jambes se croisent ou s'atteignent n'ont pas la démarche sûre; et en général ceux dont le corps est long sont les plus commodes pour le cavalier, parce qu'il se trouve plus éloigné des deux centres de mouvement, les épaules et les hanches, et qu'il en ressent moins les impressions et les secousses.

Les quadrupèdes marchent ordinairement en portant à la fois en avant une jambe de devant et une jambe de derrière: lorsque la jambe droite de devant part, la jambe gauche de derrière suit et avance en même temps ; et ce pas étant fait, la jambe gauche de devant part à son tour conjointement avec la jambe droite de derrière, et ainsi de suite : comme leur corps porte sur quatre points d'appui qui forment un carré long, la manière la plus com-

mode de se mouvoir est d'en changer deux à la fois en
diagonale, de façon que le centre de gravité du corps de
l'animal ne fasse qu'un petit mouvement et reste toujours
à peu près dans la direction des deux points d'appui qui
ne sont pas en mouvement dans les trois allures naturelles du cheval, le pas, le trot et le galop. Cette règle
de mouvement s'observe toujours, mais avec des différences. Dans le pas, il y a quatre temps dans le mouvement : si la jambe droite de devant part la première, la
jambe gauche de derrière suit un instant après; ensuite
la jambe gauche de devant part à son tour pour être suivie un instant après de la jambe droite de derrière :
ainsi le pied droit de devant pose à terre le premier, le
pied gauche de derrière le second, le pied gauche de devant pose à terre le troisième et le pied droit de derrière
pose à terre le dernier; ce qui fait un mouvement à
quatre temps et à trois intervalles, dont le premier et le
dernier sont plus courts que celui du milieu. Dans le trot,
il n'y a que deux temps dans le mouvement : si la jambe
droite de devant part, la jambe gauche de derrière part
aussi en même temps, et sans qu'il y ait aucun intervalle
entre le mouvement de l'une et le mouvement de l'autre;
ensuite la jambe gauche de devant part avec la droite
de derrière aussi en même temps, de sorte qu'il n'y a
dans ce mouvement du trot que deux temps en un intervalle : le pied droit de devant et le pied gauche de derrière posent à terre en même temps, et ensuite le pied
gauche de devant et le droit de derrière posent aussi à terre
en même temps. Dans le galop, il y a ordinairement
trois temps; mais comme dans ce mouvement, qui est
une espèce de saut, les parties antérieures du cheval ne
se meuvent pas d'abord d'elles-mêmes, et qu'elles sont
chassées par la force des hanches et des parties posté-
rieures, si des deux jambes de devant la droite doit avan-
cer plus que la gauche, il faut auparavant que le pied
gauche de derrière pose à terre pour servir de point d'appui à ce mouvement d'élancement : ainsi c'est le pied
gauche de derrière qui fait le premier temps du mouvement et qui pose à terre le premier, ensuite la jambe
droite de derrière se lève conjointement avec la gauche
de devant, et elles retombent à terre en même temps;

et enfin la jambe droite de devant qui s'est levée un instant après la gauche de devant et la droite de derrière, se pose à terre la dernière, ce qui fait le troisième temps. Ainsi dans ce mouvement de galop, il y a trois temps et deux intervalles, et dans le premier de ces intervalles lorsque le mouvement se fait avec vitesse, il y a un instant où les quatre jambes sont en l'air en même temps, et où l'on voit les quatre fers du cheval à la fois. Lorsque le cheval a les hanches et les jarrets souples, et qu'il les remue avec vitesse et agilité, ce mouvement du galop est plus parfait, et la cadence s'en fait à quatre temps; il pose d'abord le pied gauche de derrière, qui marque le premier temps; ensuite le pied droit de derrière retombe le premier, et marque le second temps; le pied gauche de devant, tombant un instant après, marque le troisième temps; et enfin le pied droit de devant, qui retombe le dernier, marque le quatrième temps.

On a remarqué que les haras établis dans les terrains secs et légers produisaient des chevaux sobres, légers et vigoureux, avec la jambe nerveuse et la corne dure, tandis que dans les lieux humides et les pâturages les plus gras ils ont presque tous la tête grosse et pesante, le corps épais, les jambes chargées, la corne mauvaise et les pieds plats. Ces différences viennent de celles du climat et de la nourriture; ce qui peut s'entendre aisément: mais ce qui est plus difficile à comprendre, et qui est encore plus essentiel que tout ce que nous venons de dire, c'est la nécessité où l'on est de toujours croiser les races si l'on veut les empêcher de dégénérer.

Il y a dans la nature un prototype général dans chaque espèce, sur lequel chaque individu est modelé, mais qui semble, en se réalisant, s'altérer ou se perfectionner par les circonstances; en sorte que, relativement à de certaines qualités, il y a une variation bizarre en apparence dans la succession des individus et en même temps une constance qui paraît admirable dans l'espèce entière. Le premier animal, le premier cheval, par exemple, a été le modèle extérieur et le moule intérieur sur lequel tous les chevaux qui sont nés, tous ceux qui existent, et tous ceux qui naîtront, ont été formés; mais ce modèle, dont nous ne connaissons que les copies, a pu s'altérer ou se perfectionner en communiquant sa forme et se multipliant : l'empreinte originaire subsiste en son entier dans chaque individu; mais quoiqu'il y en ait des millions, aucun de ces individus n'est cependant semblable en tout à un autre individu, ni par conséquent au modèle dont il porte l'empreinte. Cette différence, qui prouve combien la nature est éloignée de rien faire d'absolu, et combien elle sait nuancer ses ouvrages, se trouve dans l'espèce humaine, dans celle de tous les animaux, de tous les végétaux, de tous les êtres en un mot qui se reproduisent; et ce qu'il y a de singulier, c'est qu'il semble que le modèle du beau et du bon soit dispersé par toute la terre, et que dans chaque climat il n'en réside qu'une portion qui dégénère toujours, à moins qu'on ne la réunisse avec une autre portion prise au loin : en sorte que pour avoir de bon grain, de belles fleurs, etc., il faut en échanger les graines, et ne jamais les semer dans le même terrain qui les a produites; et de même, pour avoir de beaux chevaux, de bons chiens, etc., il faut donner aux femelles du pays des mâles étrangers, et réciproquement aux x mâles du pays des femelles étrangères; sans cela les grains, les fleurs, les animaux dégénèrent, ou plutôt prennent une si forte teinture du climat que la matière domine sur la forme et semble l'abâtardir : l'empreinte reste, mais défigurée par tous les traits qui ne lui sont pas essentiels. En mêlant au contraire les races, et surtout en les renouvelant toujours par des races étrangères, la forme semble se perfectionner, et la nature se relever, et donner tout ce qu'elle peut produire de meilleur.

Ce n'est point ici le lieu de donner des raisons générales de ces effets, mais nous pouvons indiquer les conjectures qui se présentent au premier coup d'œil. On sait par expérience que des animaux ou des végétaux transplantés d'un climat lointain souvent dégénèrent et quelquefois se perfectionnent en peu de temps, c'est-à-dire en un très-petit nombre de générations. Il est aisé de concevoir que ce qui produit cet effet est la différence du

climat et de la nourriture : l'influence de ces deux causes
doit à la longue rendre ces animaux exempts ou suscep-
tibles de certaines affections, de certaines maladies; leur
tempérament doit changer peu à peu ; le développement
de la forme, qui dépend en partie de la nourriture et de
la quantité des humeurs , doit donc changer aussi dans
les générations. Ce changement est, à la vérité, presque
insensible à la première génération , parce que les deux
animaux mâle et femelle , que nous supposons être les
souches de cette race, ont pris leur consistance et leur
forme avant d'avoir été dépaysés , et que le nouveau climat et la nourriture nouvelle peuvent à la vérité changer leur tempérament, mais ne peuvent pas influer assez
sur les parties solides et organiques pour en altérer la
forme, surtout si l'accroissement de leur corps était pris
en entier ; par conséquent la première génération ne
sera point altérée ; la première progéniture de ces animaux ne dégénèrera pas , l'empreinte de la forme sera
pure , il n'y aura aucun vice de souche au moment de la
naissance ; mais le jeune animal essuiera, dans un âge
tendre et faible, les influences du climat: elles lui feront
plus d'impression qu'elles n'en ont pu faire sur le père
et la mère. Celles de la nourriture seront aussi bien plus
grandes, et pourront agir sur les parties organiques dans
le temps de l'accroissement , en altérer un peu la forme
originaire , et y produire des germes de défectuosités
qui se manifesteront ensuite d'une manière très-sensible
dans la seconde génération, où la progéniture a non-seu
ment ses propres défauts, c'est-à-dire ceux qui lui viennent de son accroissement , mais encore les vices de
la seconde souche, qui ne s'en développeront qu'avec
plus d'avantage ; et enfin, à la troisième génération
les vices de la seconde et de la troisième souche, qui
proviennent de cette influence du climat et de la nourriture , se trouvant encore combinés avec ceux de l'influence actuelle dans l'accroissement, deviendront si
sensibles, que les caractères de la première souche en
seront effacés ; ces animaux de race étrangère n'auron
plus rien d'étranger, ils ressembleront en tout à ceux du
pays. Des chevaux d'Espagne ou de Barbarie , dont on
conduit ainsi les générations , deviennent en France des

chevaux français, souvent dès la seconde génération, et toujours à la troisième. On est donc obligé de croiser les races, au lieu de les conserver. On renouvelle la race à chaque génération, en faisant venir des chevaux barbes ou d'Espagne pour les donner aux juments du pays ; et ce qu'il y a de singulier, c'est que ce renouvellement de race, qui ne se fait qu'en partie, et pour ainsi dire à moitié, produit cependant de bien meilleurs effets que si le renouvellement était entier. Un cheval et une jument d'Espagne ne produiront pas ensemble d'aussi beaux chevaux en France que ceux qui viendront de ce même cheval d'Espagne avec une jument du pays ; ce qui se concevra encore aisément, si l'on fait attention à la compensation nécessaire des défauts qui doit se faire lorsqu'on met ensemble un mâle et une femelle de différents pays. Chaque climat, par ses influences et par celles de la nourriture, donne une certaine conformation qui pêche par quelque excès ou par quelque défaut : mais dans un climat chaud il y aura en excès ce qui sera en défaut dans un climat froid, et réciproquement ; de manière qu'il doit se faire une compensation du tout lorsqu'on joint ensemble des animaux des ces climats opposés : et comme ce qui a le moins de défauts, et que les formes les plus parfaites sont seulement celles qui ont le moins de difformités, le produit de deux animaux, dont les défauts se compenseraient exactement, serait la production la plus parfaite de cette espèce : or, ils se compensent d'autant mieux qu'on met ensemble des animaux de pays plus éloignés, ou plutôt de climats plus opposés ; le composé qui en résulte est d'autant plus parfait, que les excès ou les défauts de l'habitude du père sont plus opposés aux défauts ou aux excès de l'habitude de la mère.

Dans le climat tempéré de la France, il faut donc, pour avoir de beaux chevaux, faire venir des étalons de climats plus chauds ou plus froids : les chevaux arabes, si l'on peut en avoir, et les barbes, doivent être préférés, et ensuite les chevaux d'Espagne et du royaume de Naples; et pour les climats froids ceux de Danemarck, et ensuite ceux du Holstein et de Frise : tous ces chevaux

produiront en France, avec les juments du pays, de très-
bons chevaux , qui seront d'autant meilleurs et d'autant
plus beaux, que la température du climat sera plus
éloignée de celle du climat de la France ; en sorte que
les arabes feront mieux que les barbes, les barbes mieux
que ceux d'Espagne ; et de même les chevaux tirés de
Danemarck produiront de plus beaux chevaux que ceux
de Frise. Au défaut de ces chevaux de climats beaucoup
plus froids ou plus chauds , il faudra faire venir des étalons anglais ou allemands , ou même des provinces mé-
ridionales de la France, dans les provinces septentrionales. On gagnera toujours à donner aux juments des
chevaux étrangers , et au contraire on perdra beaucoup
à laisser multiplier ensemble dans un haras des chevaux
de même race ; car ils dégénèrent infailliblement et en
très-peu de temps. ,

Dans l'espèce humaine, le climat et la nourriture
n'ont pas d'aussi grandes influences que dans les animaux ; et la raison en est assez simple : l'homme se défend mieux que l'animal de l'intempérie du climat; il se
loge , il s'habille convenablement aux saisons; sa nourriture est aussi beaucoup plus variée, et par conséquent
elle n'influe pas de la même façon sur tous les individus. Les défauts ou les excès qui viennent de ces deux
causes , et qui sont si constants et si sensibles dans les
animaux , le sont beaucoup moins dans les hommes.
D'ailleurs, comme il y a eu de fréquentes migrations de
peuples , que les nations se sont mêlées , et que beaucoup d'hommes voyagent et se répandent de tous côtés ,
il n'est pas étonnant que les races humaines paraissent
être moins sujettes au climat, et qu'il se trouve des hommes forts , bien faits , et même spirituels , dans tous les
pays. Cependant on peut croire que , par une expérience
dont on a perdu toute mémoire , les hommes ont autrefois connu le mal qui résulterait des alliances du même
sang, puisque chez les nations les moins policées il a
été rarement permis au frère d'épouser sa sœur. Cet
usage, qui est pour nous de droit divin, et qu'on ne rapporte chez les autres peuples qu'à des vues politiques , a
peut-être été fondé sur l'observation : la politique ne s'é-

tend pas d'une manière si générale et si absolue, à moins qu'elle ne tienne au physique. Mais si les hommes ont une fois connu par expérience que leur race dégénérait toutes les fois qu'ils ont voulu la conserver sans mélange dans une même famille, ils auront regardé comme une loi de la nature celle de l'alliance avec des familles étrangères, et se seront toujours accordés à ne pas souffrir de mélange entre leurs enfants. Et en effet, l'analogie peut faire présumer que dans la plupart des climats les hommes dégénèreraient comme les animaux, après un certain nombre de générations.

Une autre influence du climat et de la nourriture est la variété des couleurs dans la robe des animaux : ceux qui sont sauvages, et qui vivent dans le même climat, sont d'une même couleur, qui devient seulement un peu plus claire ou plus foncée dans les différentes saisons de l'année; ceux au contraire qui vivent sous des climats différents sont de couleurs différentes ; et les animaux domestiques varient prodigieusement par les couleurs, en sorte qu'il y a des chevaux, des chiens, etc., de toutes sortes de poils, au lieu que les cerfs, les lièvres, etc., sont tous de la même couleur. Les injures du climat toujours les mêmes, la nourriture toujours la même, produisent dans les animaux sauvages cette uniformité. Les soins de l'homme, la douceur de l'abri, la variété dans la nourriture, effacent et font varier cette couleur dans les animaux domestiques, aussi bien que le mélange des races étrangères lorsqu'on n'a pas soin d'assortir la couleur du mâle avec celle de la femelle; ce qui produit quelquefois de telles singularités, comme on le voit sur les chevaux pies, où le blanc et le noir sont appliqués d'une manière si bizarre, et tranchent l'un sur l'autre si singulièrement, qu'il semble que ce ne soit pas l'ouvrage de la nature, mais l'effet du caprice d'un peintre.

Dans l'accouplement des chevaux, on assortira donc le poil et la taille, on contrastera les figures, on croisera les races en opposant les climats, et on ne joindra jamais ensemble les chevaux et les juments nés dans le même haras. Toutes ces conditions sont essentielles, et il y a

encore quelques autres attentions qu'il ne faut pas né-
gliger ; par exemple, il ne faut pas dans un haras de
juments à queue courte, parce que , ne pouvant se défendre des mouches , elles en sont beaucoup plus tour-
mentées que celles qui ont tous leurs crins , et l'agita-
tion continuelle que leur cause la piqûre de ces insectes
fait diminuer la quantité de leur lait; ce qui influe beaucoup sur le tempérament et la taille du poulain , qui ,
toutes choses égales d'ailleurs, sera d'autant plus vigoureux que sa mère sera meilleure nourrice. Il faut tâcher
de n'avoir pour son haras que des juments qui aient
toujours pâturé , et qui n'aient point fatigué : les juments qui ont toujours été à l'écurie nourries au sec , et
qu'on met ensuite au pâturage , ne produisent pas d'a-
bord , et il leur faut du temps pour s'accoutumer à cette
nouvelle nourriture.

Quoique la saison ordinaire de la chaleur des juments
soit depuis le commencement d'avril jusqu'à la fin de
juin, il arrive assez souvent que dans un grand nombre
il y en a quelques-unes qui sont en chaleur avant ce
temps : on fera bien de laisser passer cette chaleur sans
les faire couvrir, parce que le poulain naîtrait en hiver,
souffrirait de l'intempérie de la saison, et ne pourrait su-
cer qu'un mauvais lait; et de même lorsqu'une jument
ne vient en chaleur qu'après le mois de juin, on ne devrait pas la laisser couvrir, parce que le poulain, nais-
sant alors en été, n'a pas le temps d'acquérir assez de
force pour résister aux injures de l'hiver suivant.

La durée de la vie des chevaux est, comme dans toutes
les autres espèces d'animaux, proportionnée à la durée
du temps de leur accroissement. L'homme, qui est quatorze ans à croître, peut vivre six ou sept fois autant de
temps, c'est-à-dire quatre-vingt-dix ou cent ans. Le cheval, dont l'accroissement se fait en quatre ans, peut vivre six ou sept fois autant, c'est-à-dire vingt-cinq ou
trente ans. Les exemples qui pourraient être contraires
à cette règle sont si rares, qu'on ne doit pas même les
regarder comme une exception dont on puisse tirer des
conséquences; et comme les gros chevaux prennent leur

2..

entier accroissement en moins de temps que les chevaux
fins , ils vivent aussi moins de temps , et sont vieux dès
l'âge de quinze ans.

Dans tous les animaux, chaque espèce est variée suivant les différents climats, et les résultats généraux de
ces variétés forment et constituent les différentes races,
dont nous ne pouvons saisir que celles qui sont les plus
marquées, c'est-à-dire celles qui diffèrent sensiblement
les unes des autres, en négligeant toutes les nuances intermédiaires qui sont ici, comme en tout, infinies. Nous
en avons même encore augmenté le nombre et la confusion en favorisant le mélange de ces races, et nous avons,
pour ainsi dire, brusqué la nature en amenant dans ces
climats des chevaux d'Afrique et d'Asie; nous avons
rendu méconnaissables les races primitives de France,
en y introduisant des chevaux de tout pays : et il ne nous
reste, pour distinguer les chevaux, que quelques légers
caractères, produit par l'influence actuelle du climat.
Ces caractères seraient bien plus marqués, et les différences seraient bien plus sensibles, si les races de chaque climat s'y fussent conservées sans mélange : les petites variétés auraient été moins nuancées, moins nombreuses; mais il y aurait eu un certain nombre de grandes variétés bien caractérisées, que tout le monde aurait
aisément distinguées; au lieu qu'il faut de l'habitude,
et même une assez longue expérience, pour connaître
les chevaux des différents pays. Nous n'avons sur cela
que les lumières que nous avons pu tirer des livres des
voyageurs, des ouvrages des plus habiles écuyers, tels
que MM. Newcastle, de Garsault, de la Guérinière, etc.,
et de quelques remarques que M. de Pignerolles, écuyer
du roi, et chef de l'Académie d'Angers, a eu la bonté de
nous communiquer.

Les chevaux arabes sont les plus beaux que l'on connaisse en Europe; ils sont plus grands et plus étoffés
que les barbes, et tout aussi bien faits : mais comme
il en vient rarement en France, les écuyers n'ont pas
d'observations détaillées de leurs perfections et de leurs
défauts.

Les chevaux barbes sont plus communs : ils ont l'encolure longue, fine, peu chargée de crins et bien sortie du garrot ; la tête belle, petite, et assez ordinairement moutonnée ; l'oreille belle et bien placée, les épaules légères et plates, le garrot mince et bien relevé, les reins courts et droits, le flanc et les côtes rondes sans trop de ventre, les hanches bien effacées, la croupe le plus souvent un peu longue, et la queue placée un peu haut, la cuisse bien formée et rarement plate, les jambes belles, bien faites, et sans poil, le nerf bien détaché, le pied bien fait, mais souvent le pâturon long. On en voit de tous poils, mais plus communément de gris. Les barbes ont un peu de négligence dans leur allure ; ils ont besoin d'être recherchés, et on leur trouve beaucoup de vitesse et de nerf : ils sont fort légers, et très-propres à la course. Ces chevaux paraissent être les plus propres pour en tirer race : il serait seulement à souhaiter qu'ils fussent de plus grande taille ; les plus grands sont de quatre pieds huit pouces, et il est rare d'en trouver qui aient quatre pieds neuf pouces. Il est confirmé par expérience qu'en France, en Angleterre, etc., ils engendrent des poulains qui sont plus grands qu'eux. On prétend que parmi les barbes, ceux du royaume de Maroc sont les meilleurs, ensuite les barbes de montagne ; ceux du reste de la Mauritanie sont au-dessous, aussi bien que ceux de Turquie, de Perse et d'Arménie. Tous ces chevaux des pays chauds ont le poil plus ras que les autres. Les chevaux turcs ne sont pas si bien proportionnés que les barbes : ils ont pour l'ordinaire l'encolure effilée, le corps long. les jambes trop menues ; cependant ils sont grands travailleurs et de longue haleine. On n'en sera pas étonné, si l'on fait attention que dans les pays chauds les os des animaux sont plus durs que dans les climats froids ; et c'est par cette raison que, quoiqu'ils aient le canon plus menu que ceux de ce pays-ci, ils ont cependant plus de force dans les jambes.

Les chevaux d'Espagne, qui tiennent le second rang après les barbes, ont l'encolure longue, épaisse, et beaucoup de crins ; la tête un peu grosse, et quelquefois moutonnée ; les oreilles longues, mais bien placées ; les yeux pleins de feu; l'air noble et fier, les épaules épaisses, et le poitrail large; les reins assez souvent un peu bas; la côte ronde, et souvent un peu trop de ventre; la croupe ordinairement ronde et large, quoique quelques-uns l'aient un peu longue; les jambes belles et sans poil, le nerf bien détaché; le pâturon quelquefois un peu long, comme les barbes; le pied un peu allongé, comme celui d'un mulet, et souvent le talon trop haut. Les chevaux d'Espagne de belle race sont épais, bien étoffés, bas de terre; ils ont aussi beaucoup de mouvement dans leur démarche, beaucoup de souplesse, de feu et de fierté : leur poil le plus ordinaire est noir ou bai marron, quoiqu'il y en ait quelques-uns de toutes sortes de poil. Ils ont très-rarement des jambes blanches et des nez blancs : les Espagnols, qui ont de l'aversion pour ces marques, ne tirent point race des chevaux qui les ont; ils ne veulent qu'une étoile au front; ils estiment même les chevaux zains autant que nous les méprisons. L'un et l'autre de ces préjugés, quoique contraires, sont peut-être tout aussi mal fondés, puisqu'il se trouve de très-bons chevaux avec toutes sortes de marques, et de même d'excellents chevaux qui sont zains. Cette petite différence dans la robe d'un cheval ne semble en aucune façon dépendre de son naturel ou de sa constitution inférieure, puisqu'elle dépend en effet d'une qualité extérieure et si superficielle, que par une légère blessure dans la peau on produit une tache blanche. Au reste, les chevaux d'Espagne, zains ou autres, sont tous marqués à la cuisse, hors le montoir, de la marque du haras dont ils sont sortis. Ils ne sont pas communément de grande taille; cependant on en trouve quelques-uns de quatre pieds neuf ou dix pouces. Ceux de la haute Andalousie passent pour être les meilleurs de tous, quoiqu'ils soient assez sujets à avoir la tête trop longue; mais on leur fait grâce de ce défaut en faveur de leurs rares qualités : ils ont du courage, de l'obéissance, de la grâce, de la fierté, et plus de souplesse que les barbes : c'est par tous ces avantages qu'on les préfère à tous les autres chevaux du monde, pour la guerre, pour la pompe, et pour le manége.

Les plus beaux chevaux anglais sont, pour la conformation, assez semblables aux arabes, dont ils sortent en effet : ils ont cependant la tête plus grande, mais bien faite et moutonnée, les oreilles plus longues, ma' . bien placées. Par les oreilles seules on pourrait distinguer un cheval anglais d'un cheval barbe ; mais la grande différence est dans la taille : les anglais sont bien étoffés et beaucoup plus grands ; on en trouve communément de quatre pieds dix pouces, et même de cinq pieds de hauteur. Il y en a de tous poils et de toutes marques. Ils sont généralement forts, vigoureux, hardis, capables d'une grande fatigue, excellents pour la chasse et la course ; mais il leur manque la grâce et la souplesse ; ils sont durs, et ont peu de liberté dans les épaules.

On parle souvent de courses de chevaux en Angleterre, et il y a des gens extrêmement habiles dans cette espèce d'art gymnastique. Pour en donner une idée, je ne puis mieux faire que de rapporter ce qu'un homme respectable, que j'ai déjà eu occasion de citer, m'a écrit de Londres le 18 février 1748. M. Thornhill, maître de poste à Stilton, fit gageure de courir à cheval trois fois de suite le chemin de Stilton à Londres, c'est-à-dire de faire deux cent quinze milles d'Angleterre (environ soixante-douze lieues de France) en quinze heures. Le 29 avril 1745, il se mit en course, partit de Stilton, fit la première course jusqu'à Londres en trois heures cinquante-une minutes, et monta huit différents chevaux dans cette course ; il repartit sur-le-champ, et fit la seconde course de Londres à Stilton en trois heures cinquante-deux minutes, et ne monta que six chevaux ; il se servit pour la troisième course des mêmes chevaux qui lui avaient déjà servi : dans les quatorze il en monta sept, et il acheva cette dernière course en trois heures quarante-neuf minutes ; en sorte que non-seulement il remplit la gageure qui était de faire ce chemin en quinze heures, mais il le fit en onze heures trente-deux minutes. Je doute que dans les jeux olympiques il se soit jamais fait une course si rapide que cette course de M. Thornhill.

Les chevaux d'Italie étaient autrefois plus beaux qu'ils ne le sont aujourd'hui, parce que depuis un certain

temps on y a négligé les haras ; cependant il se trouve
encore de beaux chevaux napolitains, surtout pour les
attelages : mais en général ils ont la tête grosse et l'encolure épaisse ; ils sont indociles, et par conséquent
difficiles à dresser. Ces défauts sont compensés par la
richesse de leur taille, par leur fierté, et par la beauté
de leurs mouvements. Ils sont excellents pour l'appareil,
et ont beaucoup de dispositions à piaffer.

Les chevaux danois sont de si belle taille et si étoffés,
qu'on les préfère à tous les autres pour en faire des attelages. Il y en a de parfaitement bien moulés, mais en
petit nombre ; car le plus souvent ces chevaux n'ont pas
une conformation fort régulière. La plupart ont l'encolure épaisse, les épaules grosses, les reins un peu longs
et bas, la croupe trop étroite pour l'épaisseur du devant ;
mais ils ont toujours de beaux mouvements, et en général ils sont très-bons pour la guerre et pour l'appareil.
Ils sont de tous poils ; et même les poils singuliers,
comme pie et tigre, ne se trouvent guère que dans les
chevaux danois.

Il y a en Allemagne de fort beaux chevaux, mais en
général ils sont pesants et ont peu d'haleine, quoiqu'ils
viennent, pour la plupart, des chevaux turcs et barbes,
dont on entretient les haras, aussi bien que de chevaux
d'Espagne et d'Italie. Ils sont donc peu propres à la chasse
et à la course de vitesse, au lieu que les chevaux hongrois, transylvains, etc., sont au contraire légers et bons
coureurs. Les housards et les Hongrois leur fendent les
naseaux, dans la vue, dit-on, de leur donner plus d'haleine, et aussi pour les empêcher de hennir à la guerre.
On prétend que les chevaux auxquels on a fendu les naseaux ne peuvent plus hennir. Je n'ai pas été à portée
de vérifier ce fait ; mais il me semble qu'ils doivent seulement hennir plus faiblement. On a remarqué que les
chevaux hongrois, croates et polonais, sont fort sujets à
être bègus.

Les chevaux de Hollande sont fort bons pour le carrosse, et ce sont ceux dont on se sert le plus communé-

ment en France. Les meilleurs viennent de la province
de Frise; il y en a aussi de fort bons dans les pays de
Bergues et de Juliers. Les chevaux flamands sont fort
au-dessous des chevaux de Hollande : ils ont presque
tous la tête grosse, les pieds plats, les jambes sujettes
aux eaux: et ces deux derniers défauts sont essentiels
dans les chevaux de carrosse.

Il y a en France des chevaux de toute espèce, mais les
beaux sont en petit nombre. Les meilleurs chevaux de
selle viennent du Limousin : ils ressemblent assez aux
barbes, et sont comme eux excellents pour la chasse,
mais ils sont tardifs dans leur accroissement; il faut les
ménager dans leur jeunesse, et même ne s'en servir qu'à
l'âge de huit ans. Il y a aussi de très-bons bidets en Au-
vergne, en Poitou, dans le Morvan, en Bourgogne; mais
après le Limousin, c'est la Normandie qui fournit les plus
beaux chevaux : ils ne sont pas si bons pour la chasse,
mais ils sont meilleurs pour la guerre; ils sont plus
étoffés et plus tôt formés. On tire de la basse Normandie
et du Cotentin de très-beaux chevaux de carrosse, qui
ont plus de légèreté et de ressource que les chevaux de
Hollande. La Franche-Comté et le Boulonnois fournissent de très-bons chevaux de tirage. En général, les chevaux français pèchent pour avoir de trop grosses épaules, au lieu que les barbes pèchent pour les avoir trop
serrées.

Après l'énumération de ces chevaux qui nous sont les
mieux connus, nous rapporterons ce que les voyageurs
disent des chevaux étrangers que nous connaissons peu.
Il y a de fort bons chevaux dans toutes les îles de l'Archipel. Ceux de l'île de Crète étaient en grande réputation chez les anciens pour l'agilité et la vitesse; cependant aujourd'hui on s'en sert peu dans le pays même,
à cause de la grande aspérité du terrain, qui est partout
fort inégal et fort montueux. Les beaux chevaux de ces
îles, et même ceux de Barbarie, sont de race arabe. Les
chevaux naturels du royaume de Maroc sont beaucoup
plus petits que les arabes, mais très-légers et très-vigoureux. M. Shaw prétend que les haras d'Égypte et de Tin-

gitanie l'emportent aujourd'hui sur tous ceux des pays voisins; au lieu qu'on trouvait, il y a environ un siècle, d'aussi bons chevaux dans tout le reste de la Barbarie. L'excellence de ces chevaux barbes consiste, dit-il, à ne s'abattre jamais, et à se tenir tranquilles lorsque le cavalier descend, ou laisse tomber la bride. Ils ont un grand pas et un galop rapide; mais on ne les laisse point trotter, ni marcher l'amble; les habitants du pays regardent ces allures comme des mouvements grossiers et ignobles. Il ajoute que les chevaux d'Egypte sont supérieurs à tous les autres pour la taille et pour la beauté. Mais ces chevaux d'Egypte, aussi bien que la plupart des chevaux de Barbarie, viennent des arabes, qui sont, sans contredit, les premiers et les plus beaux chevaux du monde.

Selon Marmol, ou plutôt selon Léon l'Africain, car Marmol l'a ici copié presque mot à mot, les chevaux arabes viennent des chevaux sauvages des déserts d'Arabie, dont on a fait très-anciennement des haras, qui les ont tant multipliés, que toute l'Asie et l'Afrique en sont pleines. Ils sont si légers, que quelques-uns d'entre eux devancent les autruches à la course. Les Arabes du désert et les peuples de Lybie élèvent une grande quantité de ces chevaux pour la chasse; ils ne s'en servent ni pour voyager ni pour combattre : ils les font paître lorsqu'il y a de l'herbe; et lorsque l'herbe manque, ils ne les nourrissent que de dattes et de lait de chameau; ce qui les rend nerveux, légers et maigres. Ils tendent des piéges aux chevaux sauvages; ils en mangent la chair, et disent que celle des jeunes est fort délicate. Ces chevaux sauvages sont plus petits que les autres; ils sont communément de couleur cendrée, quoiqu'il y en ait aussi de blancs, et ils ont le crin et le poil de la queue fort court et hérissé. D'autres voyageurs nous ont donné sur les chevaux arabes des relations curieuses, dont nous ne rapporterons ici que les principaux faits.

Il n'y a point d'Arabe, quelque misérable qu'il soit, qui n'ait de chevaux. Ils montent ordinairement les juments, l'expérience leur ayant appris qu'elles résistent mieux

que les chevaux à la fatigue, à la faim, et à la soif; elles
sont aussi moins vicieuses, plus douces, et hennissent
moins fréquemment que les chevaux : ils les accoutument si bien à être ensemble, qu'elles demeurent en
grand nombre, quelquefois des jours entiers, abandon-
nées à elles-mêmes, sans se frapper les unes les autres,
et sans se faire aucun mal. Les Turcs, au contraire, n'aiment point les juments; et les Arabes leur vendent les
chevaux qu'ils ne veulent pas garder pour étalons. Ils
conservent avec grand soin, et depuis très longtemps,
les races de leurs chevaux; ils en connaissent les générations, les alliances, et toute la généalogie. Ils distin-
guent les races par des noms différents, et ils en font
trois classes : la première est celle des chevaux nobles,
de race pure et ancienne des deux côtés; la seconde est
celle des chevaux de race ancienne, mais qui se sont
mésalliées; et la troisième est celle des chevaux communs : ceux-ci se vendent à bas prix; mais ceux de la
première classe, et même ceux de la seconde, parmi
lesquels il s'en trouve d'aussi bons que ceux de la première, sont excessivement chers. Ils ne font jamais couvrir les juments de cette première classe noble que par
des étalons de la même qualité. Ils connaissent, par une
longue expérience, toutes les races de leurs chevaux et
de ceux de leurs voisins; ils en connaissent en particulier le nom, le surnom, le poil, les marques, etc. Quand
ils n'ont pas des étalons nobles, ils en empruntent chez
leurs voisins, moyennant quelque argent, pour faire couvrir leurs juments; ce qui se fait en présence de témoins,
qui en donnent une attestation signée et scellée par devant le secrétaire de l'émir, ou quelque autre personne
publique; et dans cette attestation le nom du cheval et
de la jument est cité, et toute leur génération exposée.
Lorsque la jument a pouliné, on appelle encore des témoins, et l'on fait une autre attestation, dans laquelle on
fait la description du poulain qui vient de naître, et on
marque le jour de sa naissance. Ces billets donnent du
prix aux chevaux, et on les remet à ceux qui les achètent. Les moindres juments de cette première classe sont
de cinq cents écus, et il y en a beaucoup qui se vendent
mille écus, et même quatre, cinq et six mille livres.

Comme les Arabes n'ont qu'une tente pour maison, cette
tente leur sert aussi d'écurie : la jument, le poulain, le
mari, la femme et les enfants couchent tous pêle-mêle,
les uns avec les autres ; on y voit les petits enfants sur
les corps, sur le cou de la jument et du poulain, sans
que ces animaux les blessent ni les incommodent; on
dirait qu'ils n'osent se remuer, de peur de leur faire du
mal. Ces juments sont si accoutumées à vivre dans cette
familiarité, qu'elles souffrent toute sorte de badinages.
Les Arabes ne les battent point; ils les traitent douce-
ment, ils parlent et raisonnent avec elles ; ils en prennent un très-grand soin ; ils les laissent toujours aller
au pas, et ne les piquent jamais sans nécessité : mais
aussi dès qu'elles se sentent chatouiller le flanc avec le
coin de l'étrier, elles partent subitement, et vont d'une
vitesse incroyable; elle sautent les haies et les fossés
aussi légèrement que les biches; et si leur cavalier vient
à tomber, elles sont si bien dressées, qu'elles s'arrêtent
tout court, même dans le galop le plus rapide. Tous les
chevaux des Arabes sont d'une taille médiocre, fort dé-
gagés, et plutôt maigres que gras. Ils les pansent soir et
matin fort régulièrement, et avec tant de soin, qu'ils ne
leur laissent pas la moindre crasse sur la peau ; ils leur
lavent les jambes, le crin, et la queue, qu'ils laissent
toute longue, et qu'ils peignent rarement, pour ne pas
rompre le poil. Ils ne leur donnent rien à manger de
tout le jour, ils leur donnent seulement à boire deux ou
trois fois ; et au coucher du soleil ils leur passent un sac
à la tête, dans lequel il y a environ un demi-boisseau
d'orge bien nette. Ces chevaux ne mangent donc que
pendant la nuit, et on ne leur ôte le sac que le lendemain
matin, lorsqu'ils ont mangé. On les met au vert au mois
de mars, quand l'herbe est assez grande : c'est dans
cette même saison que l'on fait couvrir les juments, et
on a grand soin de leur jeter de l'eau froide sur la croupe
immédiatement après qu'elles ont été couvertes. Lorsque
la saison du printemps est passée, on retire les chevaux
du pâturage, et on ne leur donne ni herbe ni foin de tout
le reste de l'année, ni même de paille que très-rarement ;
l'orge est leur unique nourriture. On ne manque pas de
couper aussi les crins aux poulains dès qu'ils ont un an

ou dix-huit mois, afin qu'ils deviennent plus touffus et plus longs. On les monte dès l'âge de deux ans ou deux ans et demi tout au plus tard ; on ne leur met la selle et la bride qu'à cet âge ; et tous les jours, du matin jusqu'au soir, tous les chevaux des Arabes demeurent sellés et bridés à la porte de la tente.

La race de ces chevaux s'est étendue en Barbarie, chez les Maures, et même chez les nègres de la rivière de de Gambie et du Sénégal. Les seigneurs du pays en ont quelques-uns qui sont d'une grande beauté. Au lieu d'orge ou d'avoine, on leur donne du maïs concassé ou réduit en farine, qu'on mêle avec du lait lorsqu'on veut les engraisser ; et dans ce climat si chaud on ne les laisse boire que rarement. D'un autre côté, les chevaux arabes ont peuplé l'Egypte, la Turquie, et peut-être la Perse, où il y avait autrefois des haras considérables. Marc-Paul cite un haras de dix mille juments blanches, et il dit que dans la province de Balascie il y avait une grande quantité de chevaux grands et légers, avec la corne du pied si dure, qu'il était inutile de les ferrer.

Tous les chevaux du Levant ont, comme ceux de Perse et d'Arabie, la corne fort dure : on les ferre cependant, mais avec des fers minces, légers, et qu'on peut clouer partout. En Turquie, en Perse et en Arabie, on a aussi les mêmes usages pour les soigner, les nourrir, et leur faire de la litière de leur fumier, qu'on fait auparavant sécher au soleil pour ôter l'odeur, et ensuite on le réduit en poudre, et on en fait une couche, dans l'écurie ou dans la tente, d'environ quatre ou cinq pouces d'épaisseur : cette litière dure fort longtemps ; car quand elle est infectée de nouveau, on la relève pour la faire sécher au soleil une seconde fois, et cela lui fait perdre entièrement sa mauvaise odeur.

Il y a en Turquie des chevaux arabes, des chevaux tartares, des chevaux hongrois, et des chevaux de race du pays. Ceux-ci sont beaux et très-fins ; ils ont beaucoup de feu, de vitesse, et même d'agrément ; mais ils sont trop délicats : ils ne peuvent supporter la fatigue, ils

mangent peu, ils s'échauffent aisement, et ont la peau si
sensible, qu'ils ne peuvent supporter le frottement de
l'étrille; on se contente de les frotter avec l'époussette
et de les laver. Ces chevaux, quoique beaux, sont, comme l'on voit, fort au-dessous des arabes : ils sont même
au-dessous des chevaux de Perse, qui sont, après les
arabes, les plus beaux et les meilleurs chevaux de l'Orient.
Les pâturages des plaines de Médie, de Persépolis, d'Ar-
debil, de Dorbent, sont admirables, et on y élève, par les
ordres du gouvernement, une prodigieuse quantité de
chevaux, dont la plupart sont très-beaux, et presque tous
excellents. Pietro della Valle préfère les chevaux communs de Perse aux chevaux d'Italie, et même, dit il, aux
plus excellents chevaux du royaume de Naples. Communément ils sont de taille médiocre; il y en a même de
fort petits, qui n'en sont pas moins bons ni moins forts :
mais il s'en trouve aussi beaucoup de bonne taille, et
plus grands que les chevaux de selle anglais. Ils ont tous
la tête légère, l'encolure fine, le poitrail étroit, les oreilles bien faites et bien placées, les jambes menues, la
croupe belle et la corne dure; ils sont dociles, vifs, légers, hardis, courageux et capables de supporter une
grande fatigue; ils courent d'une très-grande vitesse,
sans jamais s'abattre ni s'affaisser : ils sont robustes et
très-aisés à nourrir; on ne leur donne que de l'orge mêlée avec de la paille hachée menu, dans un sac qu'on
leur passe à la tête, et on ne les met au vert que pendant
six semaines au printemps. On leur laisse la queue longue; on ne sait ce que c'est que de les faire hongre; on
leur donne des couvertures pour les défendre des injures
de l'air; on les soigne avec une attention particulière;
on les conduit avec un simple bridon et sans éperon, et
on en transporte une très-grande quantité en Turquie,
et surtout aux Indes. Les voyageurs, qui font tous l'éloge
des chevaux de Perse, s'accordent cependant à dire que
les chevaux arabes sont encore supérieurs pour l'agilité,
le courage et la force, et même la beauté, et qu'ils sont
beaucoup plus recherchés en Perse même que les plus
beaux chevaux du pays.

Les chevaux qui naissent aux Indes ne sont pas bons;

ceux dont se servent les grands du pays y sont transportés de Perse et d'Arabie. On leur donne un peu de foin le jour, et le soir on leur fait cuire des pois avec du sucre et du beurre, au lieu d'avoine ou d'orge. Cette nourriture les soutient et leur donne un peu de force ; sans cela ils dépériraient en très-peu de temps, le climat leur étant contraire. Les chevaux naturels du pays sont en général fort petits ; il y en a même de si petits, que Tavernier rapporte que le jeune prince du Mogol, âgé de sept ou huit ans, montait ordinairement un petit cheval très-bien fait, dont la taille n'excédait pas celle d'un grand lévrier. Il semble que les climats excessivement chauds soient contraires aux chevaux : ceux de la côte d'Or, de celle de Juda, de Guinée, etc., sont comme ceux des Indes, fort mauvais ; ils portent la tête et le cou fort bas ; leur marche est si chancelante, qu'on les croit toujours prêts à tomber : ils ne se remueraient pas si on ne les frappait continuellement, et la plupart sont si bas, que les pieds de ceux qui les montent touchent presque à terre. Ils sont de plus fort indociles, et propres seulement à servir de nourriture aux nègres, qui en aiment la chair autant que celle des chiens. Ce goût pour la chair du cheval est donc commun aux nègres et aux Arabes ; il se retrouve en Tartarie, et même à la Chine. Les chevaux chinois ne valent pas mieux que ceux des Indes : ils sont faibles, lâches, mal faits et fort petits ; ceux de la Corée n'ont que trois pieds de hauteur. A la Chine, presque tous les chevaux sont hongres, et ils sont si timides, qu'on ne peut s'en servir à la guerre : aussi peut-on dire que ce sont les chevaux tartares qui ont fait la conquête de la Chine. Ces chevaux sont très-propres pour la guerre, quoique communément ils ne soient que de taille médiocre : ils sont forts, vigoureux, fiers, ardents, légers, et grands coureurs. Ils ont la corne du pied fort dure, mais trop étroite ; la tête fort légère, mais trop petite ; l'encolure longue et roide ; les jambes trop hautes : avec tous ces défauts ils peuvent passer pour de très-bons chevaux ; ils sont infatigables, et courent d'une vitesse extrême. Les Tartares vivent avec leurs chevaux à peu près comme les Arabes ; ils les font monter dès l'âge de sept ou huit mois par de jeunes enfants, qui les promènent et les font courir à petites reprises; ils les dressent ainsi peu à peu, et leur font souffrir de grandes diètes : mais ils ne les montent pour aller en course que quand ils ont six ou sept ans; ils leur font supporter alors des fatigues incroyables, comme de marcher deux ou trois jours sans s'arrêter, d'en passer quatre ou cinq sans autre nourriture qu'une poignée d'herbe de huit heures en huit heures, et d'être en même temps vingt-quatre heures sans boire, etc. Ces chevaux, qui paraissent et qui en effet sont si robustes dans leur pays, dépérissent dès qu'on les transporte à la Chine et aux Indes; mais ils réussissent assez en Perse et en Turquie. Les petits Tartares ont aussi une race de petits chevaux, dont ils font tant de cas, qu'ils ne se permettent jamais de les vendre à des étrangers. Ces chevaux ont toutes les bonnes et mauvaises qualités de ceux de la grande Tartarie; ce qui prouve combien les mêmes mœurs et la même éducation donnent le même naturel et la même habitude à ces animaux. Il y a aussi en Circassie et en Mingrélie beaucoup de chevaux qui sont même plus beaux que les chevaux tartares. On trouve encore d'assez beaux chevaux en Ukraine, en Valachie, en Pologne, en Suède; mais nous n'avons pas d observations particulières de leurs qualités et de leurs défauts.

Maintenant, si l'on consulte les anciens sur la nature et les qualités de chevaux des différents pays, on trouvera que les chevaux de la Grèce, et surtout ceux de la Thessalie et de l'Epire, avaient de la réputation, et étaient très-bons pour la guerre; que ceux de l'Achaïe étaient les plus grands que l'on connût; que les plus beaux de tous étaient ceux d'Egypte, où il y en avait une très-grande quantité, et où Salomon envoyait en acheter à un très-grand prix; qu'en Ethiopie les chevaux réussissaient mal, à cause de la trop grande chaleur du climat; que l'Arabie et l'Afrique fournissaient les chevaux les mieux faits, et surtout les plus légers et les plus propres à la monture et à la course; que ceux d'Italie, et surtout de la Pouille, étaient aussi très-bons ; qu'en Sicile, Cappadoce, Syrie, Arménie, Médie et Perse, il y avait d'excellents chevaux, et recommandables par leur vitesse et leur légèreté; que ceux de Sardaigne et Corse étaient petits, mais vifs et courageux; que ceux d'Espagne ressemblaient à ceux des Parthes, et étaient excellents pour la guerre; qu'il y avait aussi en Transylvanie et en Valachie des chevaux à tête légère, à grands crins pendants jusqu'à terre, et à queue touffue, qui étaient très-prompts à la course; que les chevaux danois étaient bien faits et bons sauteurs; que ceux de Scandinavie étaient petits, mais bien moulés et fort agiles; que les Gaulois fournissaient aux Romains de bons chevaux pour la monture et porter les fardeaux; que les chevaux des Germains étaient mal faits, et si mauvais qu'ils ne s'en servaient pas; que les Suisses en avaient beaucoup, et de très-bons pour la guerre; que les chevaux de Hongrie étaient aussi fort bons; et enfin que les chevaux des Indes étaient fort petits et très-faibles.

Il résulte de tous ces faits que les chevaux arabes ont été de tout temps et sont encore les premiers chevaux du monde, tant pour la beauté que pour la bonté; que c'est d'eux que l'on tire, soit immédiatement, soit médiatement par le moyen des barbes, les plus beaux chevaux qui soient en Europe, en Afrique et en Asie; que le climat de l'Arabie est peut-être le climat des chevaux, et le meilleur de tous les climats, puisqu'au lieu d'y croiser les races par des races étrangères, on a grand soin de les conserver dans toute leur pureté; que si le climat n'est pas par lui-même le meilleur climat pour les chevaux, les Arabes l'ont rendu tel par les soins particuliers qu'ils ont pris dans tous les temps d'ennoblir les races, en ne mettant ensemble que les individus les mieux faits et de la première qualité; que par cette attention, suivie pendant des siècles, ils ont pu perfectionner l'espèce au-delà de ce que la nature aurait fait dans le meilleur climat. On peut en conclure que les climats plus chauds que froids, et surtout les pays secs, sont ceux qui conviennent le mieux à la nature de ces animaux; qu'en général les petits chevaux sont meilleurs que les grands; que le soin est aussi nécessaire à tous que la nourriture; qu'avec de la familiarité et des caresses on en tire beaucoup plus que par la force et les châtiments ; que les chevaux des pays chauds ont les os, la corne, les muscles plus durs que ceux de nos climats ; que, quoique la chaleur convienne mieux que le froid à ces animaux, cependant le chaud excessif ne leur convient pas ; que le grand froid leur est contraire ; qu'enfin leur habitude et leur naturel dépendent presque en entier du climat, de la nourriture, des soins et de l'éducation.

En Perse et en Arabie, et en plusieurs autres lieux de l'Orient, on n'est pas dans l'usage de hongrer les chevaux, comme on le fait si généralement en Europe et à la Chine. Cette opération leur ôte beaucoup de force, de courage, de fierté, etc., mais leur donne de la douceur, de la tranquillité et de la docilité.

Les chevaux, de quelque poil qu'ils soient, muent comme presque tous les autres animaux couverts de poil, et cette mue se fait une fois l'an, ordinairement au printemps, et quelquefois en automne. Ils sont alors plus faibles que dans les autres temps, il faut les ménager, les soigner davantage, et les nourrir un peu plus largement. Il y a aussi des chevaux qui muent de corne ; cela arrive surtout à ceux qui ont été élevés dans des pays humides et marécageux, comme en Hollande.

Les chevaux hongres et les juments hennissent moins fréquemment que les chevaux entiers ; ils ont aussi la voix moins pleine et moins grave. On peut distinguer dans tous cinq sortes de hennissements différents, relatifs à différentes passions : le hennissement d'allégresse, dans lequel la voix se fait entendre assez longuement, monte et finit à des sons plus aigus ; le cheval rue en même temps, mais légèrement, et ne cherche point à frapper : le hennissement d'attachement, dans lequel le cheval ne rue point, et la voix se fait entendre longuement, et finit par des sons plus graves : le hennissement de la colère, pendant lequel le cheval rue et frappe dangereusement, est très-court et aigu : celui de la crainte, pendant lequel il rue aussi n'est guère plus long que celui de la colère ; la voix est grave, rauque, et semble

sortir en entier des naseaux ; ce hennissement est assez
semblable au rugissement d'un lion : celui de la douleur
est moins un hennissement qu'un gémissement ou ron
flement d'oppression qui se fait à voix grave et suit les
alternatives de la respiration. Au reste, on a remarqué
que les chevaux qui hennissent le plus souvent, et surtout d'allégresse et de désir, sont les meilleurs et les
plus généreux. Les chevaux entiers ont aussi la voix plus
forte que les hongres et les juments. Dès la naissance,
le mâle a la voix plus forte que la femelle : à deux ans
ou deux ans et demi , c'est-à-dire à l'âge de puberté, la
voix des mâles et des femelles devient plus forte et plus
grave, comme dans l'homme et dans la plupart des autres animaux. Lorsque le cheval est passionné de désir,
d'appétit, il montre les dents, et semble rire ; il les montre aussi dans la colère et lorsqu'il veut mordre ; il tire
quelquefois la langue pour lécher, mais moins fréquemment que le bœuf, qui lèche beaucoup plus que le cheval, et qui cependant est moins sensible aux caresses
Le cheval se souvient aussi beaucoup plus longtemps
des mauvais traitements, il se rebute aussi plus aisément que le bœuf. Son naturel ardent et courageux lui
fait donner d'abord tout ce qu'il possède de force ; et lorsqu'il sent qu'on exige encore davantage, il s'indigne et
refuse ; au lieu que le bœuf, qui, de sa nature, est lent et
paresseux, s'excède et se rebute moins aisément.

Le cheval dort beaucoup moins que l'homme : lorsqu'il se porte bien, il ne demeure guère que deux ou
trois heures de suite couché ; il se relève ensuite pour
manger ; et lorsqu'il a été trop fatigué, il se couche une
seconde fois après avoir mangé ; mais en tout il ne dort
guère que trois ou quatre heures en vingt-quatre, il y
a même des chevaux qui ne se couchent jamais, et qui
dorment toujours debout : ceux qui se couchent dorment
aussi quelquefois sur leurs pieds. On a remarqué que
les hongres dorment plus souvent et plus longtemps que
les chevaux entiers.

Les quadrupèdes ne boivent pas tous de la même ma-

nière, quoique tous soient également obligés d'aller
chercher avec la tête la liqueur, qu'ils ne peuvent saisir
autrement, à l'exception du singe, du maki, et de quelques autres qui ont des mains, et qui par conséquent
peuvent boire comme l'homme, lorsqu'on leur donne un
vase qu'ils peuvent tenir ; car ils le portent à leur bouche, l'inclinent, versent la liqueur, et l'avalent par le
simple mouvement de la déglutition. L'homme boit ordinairement de cette manière, parce que c'est en effet la
plus commode ; mais il peut encore boire de plusieurs
autres façons, en approchant les lèvres et les contrac-
tant pour aspirer la liqueur, ou bien en y enfonçant le
nez et la bouche assez profondément pour que la langue
en soit environnée, et n'ait d'autre mouvement à faire
que celui qui est nécessaire pour la déglutition ; ou encore en mordant pour ainsi dire, la liqueur avec les lèvres ; ou enfin, quoique plus difficilement, en tirant la
langue, l'élargissant, et formant une espèce de petit
godet qui rapporte un peu d'eau dans la bouche. La plupart des quadrupèdes pourraient aussi chacun boire de
plusieurs manières : mais ils font comme nous, ils choi-
sissent celle qui leur est la plus commode, et la suivent
constamment. Le chien, dont la gueule est fort ouverte,
et la langue longue et mince, boit en lapant, c'est-à-dire
en léchant la liqueur, et formant avec la langue un godet qui se remplit à chaque fois, et rapporte une assez
grande quantité de liqueur ; il préfère cette façon à celle
de se mouiller le nez. Le cheval, au contraire, qui a la
bouche plus petite, et la langue trop épaisse et trop
courte pour former un grand godet, et qui d'ailleurs boit
encore plus avidement qu'il ne mange, enfonce la bouche et le nez brusquement et profondément dans l'eau,
qu'il avale abondamment par le simple mouvement de la
déglutition : mais cela même le force à boire tout d'une
haleine, au lieu que le chien respire à son aise pendant
qu'il boit. Aussi doit-on laisser aux chevaux la liberté
de boire à plusieurs reprises, surtout après une course,
lorsque le mouvement de la respiration est court et pressé. On ne doit pas non plus leur laisser boire de l'eau
trop froide, parce que, indépendamment des coliques
que l'eau froide cause souvent, il leur arrive aussi, par

la nécessité d'y tremper les naseaux, qu'ils se refroidis
sent le nez, s'enrhument, et prennent peut-être les germes de cette maladie à laquelle on a donné le nom de
morve, la plus formidable de toutes pour cette espèce d'a-
nimaux : car on sait depuis peu que le siége de la morve
est dans la membrane pituitaire, que c'est par conséquent un vrai rhume, qui, à la longue, cause une inflam-
mation dans cette membrane; et, d'un autre côté, les
voyageurs qui rapportent dans un assez grand détail les
maladies des chevaux dans les pays chauds, comme
l'Arabie, la Perse, la Barbarie, ne disent pas que la
morve y soit aussi fréquente que dans les climats froids.
Ainsi je crois être fondé à conjecturer que l'une des causes de cette maladie est la froideur de l'eau, parce que
ces animaux sont obligés d'y enfoncer, et d'y tenir le
nez et les naseaux pendant un temps considérable ; ce
que l'on préviendrait en ne leur donnant jamais d'eau
froide, et en leur essuyant toujours les naseaux après
qu'ils ont bu. Les ânes qui craignent le froid beaucoup
plus que les chevaux, et qui leur ressemblent si fort
par la structure intérieure, ne sont pas cependant si sujets à la morve : ce qui vient peut-être de ce qu'ils boivent différemment des chevaux, car au lieu d'enfoncer
profondément la bouche et le nez dans l'eau, il ne font
presque que l'atteindre des lèvres.

Nous avons donné la manière dont on traite les chevaux en Arabie, et le détail des soins particuliers que
que l'on prend pour leur éducation. Ce pays sec et chaud,
qui paraît être la première patrie et le climat le plus
convenable à l'espèce de ce bel animal, permet ou exige
un grand nombre d'usages qu'on ne pourrait établir
ailleurs avec le même succès. Il ne serait pas possible
d'élever et de nourrir les chevaux en France et dans les
contrées septentrionales comme on le fait dans les climats chauds ; mais les gens qui s'intéressent à ces animaux utiles seront bien aises de savoir comment on les
traite dans les climats moins heureux que celui de l'A-
rabie, et comment ils se conduisent et savent se gouverner
eux-mêmes lorsqu'ils se trouvent indépendants de
l'homme.

3.

Suivant les différents pays et selon les différents usages auxquels on destine les chevaux, on les nourrit différemment. Ceux de race arabe, dont on veut faire des coureurs pour la chasse en Arabie et en Barbarie, ne mangent que rarement de l'herbe et du grain : on ne les nourrit ordinairement que de dattes et de lait de chameau, qu'on leur donne le soir et le matin ; ces aliments, qui les rendent plutôt maigres que gras, les rendent en même temps très-nerveux, et fort légers à la course. Ils tettent même les femelles des chameaux qu'ils suivent, quelque grands qu'ils soient ; et ce n'est qu'à l'âge de six ou sept ans qu'on commence à les monter.

En Perse, on tient les chevaux à l'air dans la campagne le jour et la nuit, bien couverts néanmoins contre les injures du temps, surtout l'hiver, non-seulement d'une couverture de toile, mais d'une autre par-dessus, qui est épaisse et tissue de poil, et qui les tient chauds et les défend du serein et de la pluie. On prépare une place assez grande et spacieuse, selon le nombre des chevaux, sur un terrain sec et uni, qu'on balaye et qu'on accommode fort proprement : on les y attache à côté l'un de l'autre, à une corde assez longue pour les contenir tous, bien étendue, et liée fortement par les deux bouts à deux chevilles de fer enfoncées dans la terre ; on leur lâche néanmoins le licou auquel ils sont liés, autant qu'il le faut pour qu'ils aient la liberté de se remuer à leur aise. Mais, pour les empêcher de faire aucune violence, on leur attache les deux pieds de derrière à une corde assez longue qui se partage en deux branches, avec des boucles de fer aux extrémités, où l'on place une cheville enfoncée en terre au-devant des chevaux, sans qu'ils soient néanmoins serrés si étroitement qu'ils ne puissent se coucher, se lever et se tenir à leur aise, mais seulement pour les empêcher de faire aucun désordre ; et quand on les met dans les écuries, on les attache et on les tient de la même façon. Cette pratique est si ancienne chez les Persans, qu'ils l'observaient dès le temps de Cyrus, au rapport de Xénophon. Ils prétendent, avec assez de fondement, que ces animaux en deviennent plus doux, plus traitables, moins hargneux entre

eux ; ce qui est utile à la guerre, où les chevaux inquiets
incommodent souvent leurs voisins lorsqu'ils sont serrés par escadrons. Pour litière, on ne leur donne en
Perse que du sable et de la terre en poussière bien sèche, sur laquelle ils reposent et dorment aussi bien que
sur la paille. Dans d'autres pays, comme en Arabie et
au Mongol, on fait sécher leur fiente, que l'on réduit en
poudre, et dont on leur en fait un lit très-doux. Dans
toutes ces contrées, on ne les fait jamais manger à terre,
ni même à un râtelier, mais on leur met de l'orge et de
la paille hachée dans un sac qu'on attache à leur tête,
car il n'y a point d'avoine, et l'on ne fait guère de foin
dans ce climat : on leur donne seulement de l'herbe ou
de l'orge en vert au printemps, et en général on a soin
de ne leur fournir que la quantité de nourriture nécessaire ; car lorsqu'on les nourrit très-largement, leurs
jambes se gonflent, et bientôt ils ne sont plus de servi-
vice. Ces chevaux, auxquels on ne met point de bride,
et que l'on monte sans étriers, se laissent conduire aisément ; ils portent la tête très-haute au moyen d'un simple bridon, et courent très-rapidement et d'un pas très-
sûr dans les plus mauvais terrains. Pour les faire marcher, on n'emploie point la houssine, et fort rarement
l'éperon : si quelqu'un en veut, il n'a qu'une pointe cou-
sue au talon de sa botte. Les fouets dont on se sert ordinairement ne sont faits que de petites bandes de parche
min nouées et cordelées : quelques petits coups de fouet
suffisent pour les faire partir et les entretenir dans le
plus grand mouvement.

Les chevaux sont en si grand nombre en Perse, que,
quoiqu'ils soient très-bons, ils ne sont pas fort chers.
Il y en a peu de grosse et grande taille ; mais ils ont tous
plus de force et de courage que de mine et de beauté.
Pour voyager avec moins de fatigue, on se sert de chevaux qui vont l'amble, et qu'on a précédemment accoutumés à cette allure en leur attachant par une corde le
pied de devant et celui de derrière, du même côté ; et,
dans leur jeunesse, on leur fend les naseaux dans l'idée
qu'ils en respirent plus aisément ; ils sont si bons mar-
cheurs, qu'ils font très-aisément sept à huit lieues de
chemin sans s'arrêter.

Mais l'Arabie, la Barbarie et la Perse, ne sont pas les seules contrées où l'on trouve de beaux et de bons chevaux : dans les pays même les plus froids, s'ils ne sont point humides, ces animaux se maintiennent mieux que dans les climats très-chauds. Tout le monde connaît la beauté des chevaux danois, et la bonté de ceux de Suède, de Pologne, etc. En Islande, où le froid est excessif, et où souvent on ne les nourrit que de poissons desséchés, ils sont très-vigoureux, quoique petits ; il y en a même de si petits qu'ils ne peuvent servir de monture qu'à des enfants. Au reste, ils sont si communs dans cette île, que les bergers gardent leurs troupeaux à cheval. Leur nombre n'est point à charge, car ils ne coûtent rien à nourrir. On mène ceux dont on n'a pas besoin dans les montagnes, où on les laisse plus ou moins de temps après les avoir marqués ; et lorsqu'on veut les reprendre, on les fait chasser pour les rassembler en une troupe, et on leur tend des cordes pour les saisir, parce qu'ils sont devenus sauvages. Si quelques juments donnent des poulains dans ces montagnes, les propriétaires les marquent comme les autres, et les laissent là trois ans. Ces chevaux de montagne deviennent communément plus beaux, plus fiers et plus gras que tous ceux qui sont élevés dans les écuries.

Ceux de Norwége ne sont guère plus grands, mais bien proportionnés dans leur petite taille : ils sont jaunes pour la plupart, et ont une raie noire qui leur règne tout le long du dos ; quelques-uns sont châtains, et il y en a aussi d'une couleur gris de fer. Ces chevaux ont le pied extrêmement sûr ; ils marchent avec précaution dans les sentiers des montagnes escarpées, et se laissent glisser en mettant sous le ventre les pieds de derrière lorsqu'ils descendent un terrain roide et uni. Ils se défendent contre l'ours ; et lorsqu'un étalon aperçoit cet animal vorace, et qu'il se trouve avec des poulains ou des juments, il les fait rester derrière lui, va ensuite attaquer l'ennemi, qu'il frappe avec ses pieds de devant, et ordinairement il le fait périr sous ses coups. Mais si le cheval veut se défendre par des ruades, c'est-à-dire avec les pieds de derrière, il est perdu sans ressource,

car l'ours lui saute d'abord sur le dos et le serre si for-
mement, qu'il vient à bout de l'étouffer et de le dévorer.

Les chevaux de Nordlande ont tout au plus quatre
pieds et demi de hauteur. A mesure qu'on avance vers
le nord, les chevaux deviennent petits et faibles. Ceux
de la Nordlande occidentale sont d'une forme singulière:
ils ont la tête grosse, de gros yeux, de petites oreilles,
le cou fort court, le poitrail large, le jarret étroit, le
corps un peu long, mais gros; les reins courts entre
queue et ventre; la partie supérieure de la jambe longue, l'inférieure courte; le bas de la jambe sans poil,
la corne petite et dure, la queue grosse, les crins four-
nis, les pieds petits, sûrs, et jamais ferrés; ils sont
bons, rarement rétifs et fantasques, grimpant sur toutes
les montagnes. Les pâturages sont si bons en Nordlande,
que, lorsqu'on amène de ces chevaux à Stockholm, ils
y passent rarement une année sans dépérir ou maigrir,
et perdre leur vigueur. Au contraire, les chevaux qu'on
amène en Nordlande des pays plus septentrionaux, quoique malades dans la première année, y reprennent leurs
forces.

L'excès du chaud et du froid semble être également
contraire à la grandeur de ces animaux. Au Japon, les
chevaux sont généralement petits; cependant il s'en
trouve d'assez bonne taille, et ce sont probablement
ceux qui viennent des pays de montagnes, et il en est
à peu près de même à la Chine. Cependant on assure
que ceux du Tonquin sont d'une taille belle et nerveuse,
qu'ils sont bons à la main, et de si bonne nature, qu'on
peut les dresser aisément, et les rendre propres à toutes
sortes de marches.

Ce qu'il y a de certain, c'est que les chevaux qui sont
originaires des pays secs et chauds dégénèrent, et même
ne peuvent vivre dans les climats trop humides, quelque chauds qu'ils soient; au lieu qu'ils sont très-bons
dans les pays de montagnes, depuis le climat de l'Arabie
jusqu'en Danemark et en Tartarie dans notre continent,
et depuis la Nouvelle-Espagne jusqu'aux terres Magel-

laniques dans le nouveau continent : ce n'est donc ni le chaud ni le froid, mais l'humidité seule qui leur est contraire.

On sait que l'espèce du cheval n'existait pas dans ce nouveau continent lorsqu'on en a fait la découverte ; et l'on peut s'étonner avec raison de leur prompte et prodigieuse multiplication : car en moins de deux cents ans, le petit nombre de chevaux qu'on y a transporté d'Europe s'est si fort multiplié, et particulièrement au Chili, qu'ils y sont à très-bas prix. Frézier dit que cette prodigieuse multiplication est d'autant plus étonnante que les Indiens mangent beaucoup de chevaux, et qu'ils les ménagent si peu pour le service et le travail, qu'il en meurt un très-grand nombre par excès de fatigue. Les chevaux que les Européens ont transportés dans les parties les plus orientales de notre continent, comme aux îles Philippines, y ont aussi prodigieusement multiplié.

En Ukraine et chez les Cosaques du Don, les chevaux vivent errants dans les campagnes. Dans le grand espace de terre compris entre le Don et le Niéper, espace très-mal peuplé, les chevaux sont en troupes de trois, quatre ou cinq cents, toujours sans abri, même dans la saison où la terre est couverte de neige : ils détournent cette neige avec le pied de devant pour chercher et manger l'herbe qu'elle recouvre. Deux ou trois hommes à cheval ont le soin de conduire ces troupes de chevaux ou plutôt de les regarder, car on les laisse errer dans la campagne ; et ce n'est que dans le temps des hivers les plus rudes qu'on cherche à les loger pour quelques jours dans les villages, qui sont fort éloignés les uns des autres dans ce pays. On a fait sur ces troupes de chevaux abandonnés pour ainsi dire à eux-mêmes, quelques observations qui semblent prouver que les hommes ne sont pas les seuls qui vivent en société, et qui obéissent de concert au commandement de quelqu'un d'entre eux. Chacune de ces troupes de chevaux a un cheval chef qui la commande, qui la guide, qui la tourne et range quand il faut marcher ou s'arrêter : ce chef commande aussi l'or-

dre et les mouvements nécessaires lorsque la troupe est
attaquée par les voleurs ou par les loups. Ce chef est
très-vigilant et toujours alerte : il fait souvent le tour de
sa troupe ; et si quelqu'un de ses chevaux sort du rang
ou reste en arrière, il court à lui, le frappe d'un coup
d'épaule, et lui fait prendre sa place. Ces animaux sans
être montés ni conduits par les hommes, marchent en
ordre à peu près comme notre cavalerie. Quoiqu'ils
soient en pleine liberté, ils paissent en files et par briga-
des, et forment différentes compagnies, sans se séparer
ni se mêler. Au reste, le cheval chef occupe ce poste
encore plus fatigant qu'important pendant quatre ou
cinq ans ; et lorsqu'il commence à devenir moins fort et
moins actif, un autre cheval, ambitieux de commander,
et qui s'en sent la force, sort de la troupe, attaque le
vieux chef, qui garde son commandement s'il n'est pas
vaincu, mais qui rentre avec honte dans le gros de la
troupe s'il a été battu ; et le cheval victorieux se met à la
tête de tous les autres, et s'en fait obéir.

En Finlande, au mois de mai, lorsque les neiges son'
fondues, les chevaux partent de chez leurs maîtres, et
s'en vont dans de certains cantons des forêts, où il semble qu'ils se soient donné le rendez-vous. Là ils forment
des troupes différentes, qui ne se mêlent ni se séparent
jamais : chaque troupe prend un canton différent de la
forêt pour sa pâture ; ils s'en tiennent à un certain terri-
toire, et n'entreprennent point celui des autres. Quand
la pâture leur manque, ils décampent, et vont s'établir
dans d'autres pâturages avec le même ordre. La police
de leur société est si bien réglée, et leurs marches sont
si uniformes, que leurs maîtres savent toujours où les
trouver lorsqu'ils ont besoin d'eux ; et ces animaux, après
avoir fait leur service, retournent d'eux-mêmes avec
leurs compagnons dans les bois. Au mois de septembre,
lorsque la saison devient mauvaise, ils quittent les forêts,
s'en reviennent par troupes, et se rendent chacun à leur
écurie.

Ces chevaux sont petits, mais bons et vifs, sans être
vicieux. Quoiqu'ils soient généraleme.·t assez dociles, il

y en a cependant quelques-uns qui se défendent lorsqu'on les prend, ou qu'on veut les attacher aux voitures.
Ils se portent à merveille et sont gras, quand ils reviennent de la forêt; mais l'exercice presque continuel qu'on
leur fait faire l'hiver, et le peu de nourriture qu'on leur
donne, leur font bientôt perdre cet embonpoint. Ils se
roulent sur la neige comme les autres chevaux se roulent
sur l'herbe. Ils passent indifféremment les nuits dans la
cour comme dans l'écurie, lors même qu'il fait un froid
très-violent.

Ces chevaux, qui vivent en troupes et souvent éloignés
de l'empire de l'homme, font la nuance entre les chevaux
domestiques et les chevaux sauvages. Il s'en trouve de
ces derniers à l'île de Sainte-Hélène, qui, après y avoir
été transportés, sont devenus si sauvages et si farouches,
qu'ils se jetteraient du haut des rochers dans la mer,
plutôt que de se laisser prendre. Aux environs de Nippes,
il s'en trouve qui ne sont pas plus grands que des ânes,
mais plus ronds, plus ramassés, et bien proportionnés :
ils sont vifs et infatigables, d'une force et d'une ressource fort au-dessus de ce qu'on en devait attendre. A
Saint-Domingue, on n'en voit point de la grandeur des
chevaux de carrosse, mais ils sont d'une taille moyenne
et bien prise. On en prend quantité avec des pièges et
des nœuds coulants. La plupart de ces chevaux ainsi pris
sont ombrageux. On en trouve aussi dans la Virginie,
qui, quoique sortis de cavales privées, sont devenus si
farouches dans les bois, qu'il est difficile de les aborder,
et ils appartiennent à celui qui peut les prendre : ils
sont ordinairement si revêches, qu'il est très-difficile de
les dompter. Dans la Tartarie, surtout dans le pays
entre Urgenez et la mer Caspienne, on se sert, pour
chasser les chevaux sauvages, qui y sont communs,
d'oiseaux de proie dressés pour cette chasse : on les
accoutume à prendre l'animal par la tête et par le cou,
tandis qu'il se fatigue sans pouvoir faire lâcher prise à
l'oiseau. Les chevaux sauvages du pays des Tartares
Mongoux et Kakas ne sont pas différents de ceux qui
sont privés : on les trouve en plus grand nombre du côté
de l'ouest, quoiqu'il en paraisse aussi quelquefois dans

le pays des Kakas, qui borde le Harni. Ces chevaux sauvages sont si légers, qu'ils se dérobent aux flèches même des plus habiles chasseurs. Ils marchent en troupes nombreuses ; et, lorsqu'ils rencontrent des chevaux privés, ils les environnent, et les forcent à prendre la fuite. On trouve encore au Congo des chevaux sauvages en assez bon nombre. On en voit quelquefois aussi aux environs du cap de Bonne-Espérance ; mais on ne les prend pas, parce qu'on préfère les chevaux qu'on y amène de Perse.

L'ANE

A considérer cet animal, même avec des yeux atten-
tifs et dans un assez grand détail, il paraît n'être qu'un
cheval dégénéré : la parfaite similitude de conformation
dans le cerveau, les poumons, l'estomac, le conduit
intestinal, le cœur, le foie, les autres viscères, et la
grande ressemblance du corps, des jambes, des pieds
et du squelette en entier, semblent fonder cette opinion.
L'on pourrait attribuer les légères différences qui se
trouvent entre ces deux animaux à l'influence très-ancienne du climat, de la nourriture, et à la succession
fortuite de plusieurs générations de petits chevaux sauvages à demi dégénérés, qui peu à peu auraient encore
dégénéré davantage, se seraient ensuite dégradés autant
qu'il est possible, et auraient à la fin produit à nos yeux
une espèce nouvelle et constante, ou plutôt une succes-

sion d'individus semblables, tous constamment viciés de
la même façon, et assez différents des chevaux pour pouvoir être regardés comme formant une autre espèce. Ce
qui paraît favoriser cette idée, c'est que les chevaux
varient beaucoup plus que les ânes par la couleur de
leur poil, qu'ils sont par conséquent plus anciennement
domestiques, puisque tous les animaux domestiques
varient par la couleur beaucoup plus que les animaux
sauvages de la même espèce; que la plupart des chevaux
sauvages dont parlent les voyageurs sont de petite taille,
et ont, comme les ânes, le poil gris, la queue nue,
hérissée à l'extrémité, et qu'il y a des chevaux sauvages,
et même des chevaux domestiques, qui ont la raie noire
sur le dos, et d'autres caractères qui les rapprochent
encore des ânes sauvages et domestiques. D'un autre côté,
si l'on considère la différence du tempérament, du naturel, des mœurs, du résultat, en un mot, de l'organisation de ces deux animaux, et surtout l'impossibilité
de les mêler pour en faire une espèce commune, ou
même une espèce intermédiaire qui puisse se renouveler, on paraît encore mieux fondé à croire que ces deux
animaux sont chacun d'une espèce aussi ancienne l'une
que l'autre, et originairement aussi essentiellement
différentes qu'elles le sont aujourd'hui; d'autant plus
que l'âne ne laisse pas de différer matériellement du cheval par la petitesse de la taille, la grosseur de la tête,
la longueur des oreilles, la dureté de la peau, la nudité
de la queue, la forme de la croupe, et aussi par les di-
mensions des parties qui en sont voisines, par la voix,
l'appétit, la manière de boire, etc. L'âne et le cheval
viennent-ils donc originairement de la même souche?
sont-ils, comme le disent les nomenclateurs, de la même
famille? ou n'ont-ils pas toujours été des animaux différents ?

Cette question, dont les physiciens sentiront bien la
généralité, la difficulté, les conséquences, et que nous
avons cru devoir traiter dans cet article, parce qu'elle
se présente pour la première fois, tient à la production
des êtres de plus près qu'aucune autre, et demande,
pour être éclaircie, que nous considérions la nature

sous un nouveau point de vue. Si, dans l'immense variété que nous présentent tous les êtres animés qui peuplent l'univers, nous choisissons un animal, ou même le corps de l'homme, pour servir de base à nos connaissances, et y rapporter, par la voie de la comparaison, les autres êtres organisés, nous trouverons que, quoique tous ces êtres existent solitairement, et que tous varient par des différences graduées à l'infini, il existe en même temps un dessein primitif et général qu'on peut suivre très-loin, et dont les dégradations sont bien plus lentes que celles des figures et des autres rapports apparents; car, sans parler des organes de la digestion, de la circulation et de la génération, qui appartiennent à tous les animaux, et sans lesquels l'animal cesserait d'être animal, et ne pourrait ni subsister ni se reproduire, il y a dans les parties mêmes qui contribuent le plus à la variété de la forme extérieure une prodigieuse ressemblance qui nous rappelle nécessairement l'idée d'un premier dessein, sur lequel tout semble avoir été conçu. Le corps du cheval, par exemple, qui, du premier coup-d'œil, paraît si différent du corps de l'homme, lorsqu'on vient à le comparer en détail et partie par partie, au lieu de surprendre par la différence, n'étonne plus que par la ressemblance singulière et presque complète, qu'on y trouve. En effet, prenez le squelette de l'homme, inclinez les os du bassin, raccourcissez les os des cuisses, des jambes et des bras, allongez ceux des pieds et des mains, soudez ensemble les phalanges, allongez les mâchoires en raccourcissant l'os frontal, et et enfin allongez aussi l'épine du dos; ce squelette cessera de représenter la dépouille d'un homme, et sera le squelette d'un cheval : car on peut aisément supposer qu'en allongeant l'épine du dos et les mâchoires, on augmente en même temps le nombre des vertèbres, des côtes et des dents; et ce n'est en effet que par le nombre de ces os, qu'on peut regarder comme accessoires, et par l'allongement, le raccourcissement ou la jonction des autres, que la charpente du corps de cet animal diffère de la charpente du corps humain : on vient de voir dans la description du cheval ces faits trop bien établis, pour pouvoir en douter. Mais, pour suivre ces rapports

encore plus loin, que l'on considère séparément quelques parties essentielles à la forme, les côtes, par exemple, on les trouvera dans tous les quadrupèdes, dans les
oiseaux, dans les poissons, et on en suivra les vestiges
jusque dans la tortue, où elles paraissent encore dessinées
par les sillons qui sont sous son écaille; que l'on considère, comme l'a remarqué M. Daubenton, que le pied
d'un cheval, en apparence si différent de la main de
l'homme, est cependant composé des mêmes os, et que
nous avons à l'extrémité de chacun de nos doigts le même osselet en fer à cheval qui termine le pied de cet
animal; et l'on jugera si cette ressemblance cachée n'esr
pas plus merveilleuse que les différences apparentes; si
cette conformité constante et ce dessein suivi de l'homme
aux quadrupèdes, des quadrupèdes aux cétacés, des
cétacés aux oiseaux, des oiseaux aux reptiles, des reptiles aux poissons, etc., dans lesquels les parties essentielles, comme le cœur, les intestins, l'épine du dos,
les sens, etc., se trouvent toujours, ne semblent pas
indiquer qu'en créant les animaux l'Etre suprême n'a
voulu employer qu'une idée, et la varier en même temps
de toutes les manières possibles, afin que l'homme pût
admirer également et la magnificence de l'exécution et
la simplicité du dessein.

Dans ce point de vue, non-seulement l'âne et le cheval, mais même l'homme, le singe, les quadrupèdes et
tous les animaux, pourraient être regardés comme ne
faisant que la même *famille* : mais en doit-on conclure
que dans cette grande et nombreuse *famille,* que Dieu
seul a conçue et tirée du néant, il y ait d'autres petites
familles projetées par la nature et produites par le temps,
dont les unes ne seraient composées que de deux individus, comme le cheval et l'âne, d'autres de plusieurs
individus, comme celles de la belette, de la martre, du
furet, de la fouine, etc., et de même que dans les végétaux il y ait des *familles* de dix, vingt et trente, etc.,
plantes? Si ces *familles* existaient en effet, elles n'auraient pu se former que par le mélange, la variation
successive et la dégénération des espèces originaires : et
si l'on admet une fois qu'il y ait des *familles* dans les

plantes et dans les animaux, que l'âne soit de la *famille* du cheval, et qu'il n'en diffère que parce qu'il a dégénéré, on pourra dire également que le singe est de la *famille* de l'homme, que c'est un homme dégénéré, que l'homme et le singe ont une origine commune comme le cheval et l'âne ; que chaque *famille*, tant dans les animaux que dans les végétaux, n'a eu qu'une seule souche ; et même que tous les animaux sont venus d'un seul animal, qui, dans la succession des temps, a produit, en se perfectionnant et en dégénérant, toutes les races des autres animaux.

Les naturalistes qui établissent si légèrement des *familles* dans les animaux et dans les végétaux, ne paraissent pas avoir assez senti toute l'étendue de ces conséquences ; qui réduiraient le produit immédiat de la création à un nombre d'individus aussi petit que l'on voudrait : car s'il était une fois prouvé qu'on pût établir ces *familles* avec raison ; s'il était acquis que dans les animaux, et même dans les végétaux, il y eût, je ne dis pas plusieurs espèces, mais une seule qui eût été produite par la dégénération d'une autre espèce : s'il était vrai que l'âne ne fût qu'un cheval dégénéré, il n'y aurait plus de bornes à la puissance de la nature, et l'on n'aurait pas tort de supposer que d'un seul être elle a su tirer, avec le temps, tous les autres êtres organisés.

Mais non : il est certain, par la révélation, que tous les animaux ont également participé à la grâce de la création ; que les deux premiers de chaque espèce, et de toutes les espèces, sont sortis tout formés des mains du Créateur : et l'on doit croire qu'ils étaient tels à peu près qu'ils nous sont aujourd'hui représentés par leurs descendants. D'ailleurs, depuis qu'on a observé la nature, depuis le temps d'Aristote jusqu'au nôtre, l'on n'a pas vu paraître d'espèce nouvelle, malgré le mouvement rapide qui entraîne, amoncelle ou dissipe les parties de la matière, malgré le nombre infini de combinaisons qui ont dû se faire pendant ces vingt siècles, malgré les accouplements fortuits ou forcés des animaux d'espèces éloignées ou voisines, dont il n'a jamais résulté que des individus viciés et stériles , et qui n'ont pu faire souche pour de nouvelles générations. La ressemblance, tant extérieure qu'intérieure, fût-elle dans quelques animaux encore plus grande qu'elle ne l'est dans le cheval et dans l'âne, ne doit donc pas nous porter à confondre ces animaux dans la même *famille*, non plus qu'à leur donner une commune origine ; car s'ils venaient de la même souche, s'ils étaient en effet de la même *famille*, on pourrait les rapprocher, les allier de nouveau, et défaire avec le temps ce que le temps aurait fait.

Il faut de plus considérer que, quoique la marche de la nature se fasse par nuances et par degrés souvent imperceptibles, les intervalles de ces degrés ou de ces nuances ne sont pas tous égaux, à beaucoup près ; que plus les espèces sont élevées, moins elles sont nombreuses, et plus les intervalles des nuances qui les séparent y sont grands ; que les petites espèces, au contraire, sont très-nombreuses, et en même temps plus voisines les unes des autres ; en sorte qu'on est d'autant plus tenté de les confondre ensemble dans une même *famille*, qu'elles nous embarrassent et nous fatiguent davantage par leur multitude et par leurs petites différences, dont nous sommes obligés de nous charger la mémoire. Mais il ne faut pas oublier que ces *familles* sont notre ouvrage, que nous ne les avons faites que pour le soulagement de notre esprit ; que s'il ne peut comprendre la suite réelle de tous les êtres, c'est notre faute, et non pas celle de la nature, qui ne connaît point ces prétendues *familles*, et ne contient en effet que des individus.

Un individu est un être à part, isolé, détaché, et qui n'a rien de commun avec les autres êtres, sinon qu'il leur ressemble, ou bien qu'il en diffère. Tous les individus semblables qui existent sur la surface de la terre sont regardés comme composant l'espèce de ces individus. Cependant ce n'est ni le nombre ni la collection des individus semblables qui fait l'espèce, c'est la succession constante et le renouvellement non interrompu de ces individus qui la constituent ; car un être qui durerait toujours ne ferait pas une espèce, non plus qu'un

millıon d'êtres semblables qui dureraient aussi toujours.
L'*espèce* est donc un mot abstrait et général, dont la chose
n'existe qu'en considérant la nature dans la succession
des temps, et dans la destruction constante et le renouvellement tout aussi constant des êtres. C'est en comparant la nature d'aujourd'hui à celle des autres temps, et
les individus actuels aux individus passés, que nous
avons pris une idée nette de ce que l'on appelle *espèce*, et
la comparaison du nombre ou de la ressemblance des
individus n'est qu'une idée accessoire, et souvent indé-
pendante de la première ; car l'âne ressemble au cheval
plus que le barbet au lévrier, et cependant le barbet et
le lévrier ne font qu'une même espèce, puisqu'ils produisent ensemble des individus qui peuvent eux-mêmes
en produire d'autres ; au lieu que le cheval et l'âne sont
certainement de différentes espèces, puisqu'ils ne produisent ensemble que des individus viciés et inféconds.

C'est donc dans la diversité caractéristique des espèces que les intervalles des nuances de la nature sont le
plus sensibles et le mieux marqués : on pourrait même
dire que ces intervalles entre les espèces sont les plus
égaux et les moins variables de tous, puisqu'on peut toujours tirer une ligne de séparation entre deux espèces
c'est-à-dire entre deux successions d'individus qui se
reproduisent et ne peuvent se mêler, comme l'on peut
aussi réunir en une seule espèce deux successions d'individus qui se reproduisent en se mêlant. Ce point est le
plus fixe que nous ayons en histoire naturelle ; toutes les
autres ressemblances et toutes les différences que l'on
pourrait saisir dans la comparaison des êtres ne seraient
ni si constantes, ni si réelles, ni si certaines. Ces intervalles seront aussi les seules lignes de séparation que
l'on trouvera dans notre ouvrage : nous ne diviserons
pas les êtres autrement qu'ils le sont en effet ; chaque
espèce, chaque succession d'individus qui se reproduisent et ne peuvent se mêler sera considérée à part et
traitée séparément ; et nous ne nous servirons des *familles*, des genres, des ordres et des classes, pas plus
que ne s'en sert la nature.

L'espèce n'étant donc autre chose qu'une succession

constante d'individus semblables, et qui se reproduisent, il est clair que cette dénomination ne doit s'étendre
qu'aux animaux et aux végétaux, et que c'est par un
abus des termes ou des idées que les nomenclateurs
l'ont employée pour désigner les différentes sortes de
minéraux. On ne doit donc pas regarder le fer comme
une espèce, et le plomb comme une autre espèce, mais
seulement comme deux métaux différents; et l'on verra,
d..ns notre discours sur les minéraux, que les lignes de
séparation que nous emploierons dans la division des
matières minérales seront bien différentes de celles que
nous employons pour les animaux et pour les végétaux.

Mais pour en revenir à la dégénération des êtres, et
particulièrement à celle des animaux, observons et exa-
minons encore de plus près les mouvements de la nature dans les variétés qu'elle nous offre; et comme l'espèce humaine nous est la mieux connue, voyons jusqu'où
s'étendent ces mouvements de variation. Les hommes
diffèrent du blanc au noir par la couleur, du double au
simple par la hauteur de la taille, la grosseur, la légèreté, la force, etc., et du tout au rien pour l'esprit; mais
cette dernière qualité, n'appartenant point à la matière,
ne doit point être ici considérée : les autres sont les variations ordinaires de la nature, qui viennent de l'influence du climat et de la nourriture. Mais ces différences de couleur et de dimension dans la taille n'empê-
chent pas que le nègre et le blanc, le Lapon et le Patagon,
le géant et le nain, ne produisent ensemble des individus qui peuvent eux-mêmes se reproduire, et que par
conséquent ces hommes, si différents en apparence, ne
soient tous d'une seule et même espèce, puisque cette
reproduction constante est ce qui constitue l'espèce.
Après ces variations générales, il y en a d'autres qui sont
plus particulières, et qui ne laissent pas de se perpétuer,
comme les énormes jambes des hommes qu'on appelle
de la race de saint Thomas, dans l'île de Ceylan, les yeux
rouges et les cheveux blancs des Dariens et des Chacre-
las, les six doigts aux mains et aux pieds dans certaines
familles, etc. Ces variétés singulières sont des défauts ou
des excès accidentels, qui, s'étant d'abord trouvés dans

quelques individus, se sont ensuite propagés de race en race, comme les autres vices et maladies héréditaires. Mais ces différences, quoique constantes, ne doivent être regardées que comme des variétés individuelles, qui ne séparent pas ces individus de leur espèce, puisque les races extraordinaires de ces hommes à grosses jambes ou à six doigts peuvent se mêler avec la race ordinaire, et produire des individus qui se reproduisent eux-mêmes. On doit dire la même chose de toutes les autres difformités ou monstruosités qui se communiquent des pères et mères aux enfants. Voilà jusqu'où s'étendent les erreurs de la nature, voilà les plus grandes limites de ses variétés dans l'homme; et s'il y a des individus qui dégénèrent encore davantage, ces individus ne reproduisant rien, n'altèrent ni la constance ni l'unité de l'espèce. Ainsi il n'y a dans l'homme qu'une seule et même espèce; et quoique cette espèce soit peut-être la plus nombreuse et la plus abondante en individus, et en même temps la plus inconséquente et la plus irrégulière dans toutes ses actions, on ne voit pas que cette prodigieuse diversité de mouvements, de nourriture, de climat, et de tant d'autres combinaisons que l'on peut supposer, ait produit des êtres assez différents des autres pour faire de nouvelles souches, et en même temps assez semblables à nous pour ne pouvoir nier de leur avoir appartenu.

Si le nègre et le blanc ne pouvaient produire ensemble, si même leur production demeurait inféconde, si le mulâtre était un vrai mulet, il y aurait alors deux espèces bien distinctes; le nègre serait à l'homme ce que l'âne est au cheval : ou plutôt, si le blanc était l'homme, le nègre ne serait plus un homme; ce serait un animal à part, comme le singe, et nous serions en droit de penser que le blanc et le nègre n'auraient point eu une origine commune. Mais cette supposition même est démentie par le fait; et puisque tous les hommes peuvent communiquer et produire ensemble, tous les hommes viennent de la même souche et sont de la même famille.

Que deux individus ne puissent produire ensemble, il ne faut pour cela que quelques légères disconvenances

dans le tempérament, ou quelque défaut accidentel
dans les organes de la génération de l'un ou de l'autre de
ces deux individus. Que deux individus de différentes
espèces, et que l'on joint ensemble, produisent deux individus qui, ne ressemblant ni à l'un ni à l'autre, ne
ressemblent à rien de fixe, et ne peuvent par conséquent
rien produire de semblable à eux, il ne faut pour cela
qu'un certain degré de convenance entre la forme du
corps et les organes de la génération de ces animaux
différents. Mais quel nombre immense et peut-être infini
de combinaisons ne faudrait-il pas pour pouvoir seulement supposer que deux animaux, mâle et femelle, d'une
certaine espèce, ont non-seulement assez dégénéré pour
n'être plus de cette espèce, c'est-à-dire pour ne pouvoir
plus produire avec ceux auxquels ils étaient semblables,
mais encore dégénérés tous deux précisément au même
point, et à ce point nécessaire pour ne pouvoir produire
qu'ensemble! et ensuite quelle autre prodigieuse immensité de combinaisons ne faudrait-il pas encore pour
que cette nouvelle production de ces deux animaux dégénérés suivît exactement les mêmes lois qui s'obser-
vent dans la production des animaux parfaits! car un
animal dégénéré est lui-même une production viciée :
et comment se pourrait-il qu'une origine viciée, qu'une
dépravation, une négation, pût faire souche, et non-seulement produire une succession d'êtres constants, mais
même les produire de la même façon et suivant les mêmes lois que se reproduisent en effet les animaux dont
l'origine est pure?

Quoiqu'on ne puisse donc pas démontrer que la production d'une espèce par la dégénération soit une chose
impossible à la nature, le nombre des probabilités contraires est si énorme, que, philosophiquement même,
on n'en peut guère douter; car si quelque espèce a été
produite par la dégénération d'une autre, si l'espèce de
l'âne vient de l'espèce du cheval, cela n'a pu se faire que
successivement et par nuances; il y aurait eu entre le
cheval et l'âne un grand nombre d'animaux intermédiaires, dont les premiers se seraient peu à peu éloignés
de la nature du cheval, et les derniers se seraient ap-

prochés peu à peu de celle de l'âne. Et pourquoi ne ver-
rions-nous pas aujourd'hui les représentants, les descendants de ces espèces intermédiaires? Pourquoi n'en est-
il demeuré que les deux extrêmes?

L'âne est donc un âne, et ce n'est point un cheval dégénéré, un cheval à queue nue; il n'est ni étranger, ni
intrus, ni bâtard; il a, comme tous les autres animaux,
sa famille, son espèce et son rang; son sang est pur; et
quoique sa noblesse soit moins illustre, elle est tout aussi
bonne, tout aussi ancienne que celle du cheval. Pourquoi donc tant de mépris pour cet animal si bon, si patient, si sobre, si utile? Les hommes mépriseraient-ils
jusque dans les animaux ceux qui les servent trop bien
et à peu de frais? On donne au cheval de l'éducation, on
le soigne, on l'instruit, on l'exerce, tandis que l'âne,
abandonné à la grossièreté du dernier des valets, ou à
la malice des enfants, bien loin d'acquérir, ne peut que
perdre par son éducation; et s'il n'avait pas un grand
fonds de bonnes qualités, il les perdrait en effet par la
manière dont on le traite: il est le jouet, le plastron, le
bardeau des rustres, qui le conduisent le bâton à la
main, qui le frappent, le surchargent, l'excèdent sans
précautions, sans ménagement. On ne fait pas attention
que l'âne serait par lui-même, et pour nous, le premier,
le plus beau, le mieux fait, le plus distingué des animaux, si dans le monde il n'y avait pas de cheval. Il est
le second au lieu d'être le premier, et par cela seul il
semble n'être plus rien. C'est la comparaison qui le dé-
grade: on le regarde, on le juge, non pas en lui-même,
mais relativement au cheval: on oublie qu'il est âne,
qu'il a toutes les qualités de sa nature, tous les dons attachés à son espèce; et on ne pense qu'à la figure et aux
qualités du cheval qui lui manquent, et qu'il ne doit pas
avoir.

Il est de son naturel aussi humble, aussi patient,
aussi tranquille, que le cheval est fier, ardent, impétueux: il souffre avec constance, et peut-être avec courage, les châtiments et les coups. Il est sobre et sur la
quantité et sur la qualité de la nourriture; il se contente

des herbes les plus dures et les plus désagréables,'que le cheval et les autres animaux lui laissent et dédaignent. Il est fort délicat sur l'eau; il ne veut boire que de la plus claire, et aux ruisseaux qui lui sont connus. Il boit aussi sobrement qu'il mange, et n'enfonce point du tout son nez dans l'eau, par la peur que lui fait, dit on, l'ombre de ses oreilles. Comme l'on ne prend pas la peine de l'étriller, il se roule souvent sur le gazon, sur les chardons, sur la fougère et, sans se soucier beaucoup de ce qu'on lui fait porter, il se couche pour se rouler toutes les fois qu'il le peut, et semble par là reprocher à son maître le peu de soin qu'on prend de lui; car il ne se vautre pas, comme le cheval, dans la fange et dans l'eau; il craint même de se mouiller les pieds, et se détourne pour éviter la boue; aussi a-t-il la jambe plus sèche et plus nette que le cheval. Il est susceptible d'éducation, et l'on en a vu d'assez bien dressés pour faire curiosité de spectacle.

Dans la première jeunesse, il est gai, et même assez joli : il a de la légèreté et de la gentillesse ; mais il la perd bientôt, soit par l'âge, soit par les mauvais traitements, et il devient lent, indocile et têtu ; il a pour sa progéniture le plus fort attachement. Pline nous assure que lorsqu'on sépare la mère de son petit, elle passe à travers les flammes pour aller le rejoindre. Il s'attache aussi à son maître, quoiqu'il en soit ordinairement maltraité : il le sent de loin, et le distingue de tous les autres hommes. Il reconnaît aussi les lieux qu'il a coutume d'habiter, les chemins qu'il a fréquentés. Il a les yeux bons, l'odorat admirable, surtout pour les corpuscules de l'ânesse; l'oreille excellente, ce qui a encore contribué à le faire mettre au rang des animaux timides, qui ont tous, à ce qu'on prétend, l'ouïe très-fine et les oreilles longues. Lorsqu'on le surcharge, il le marque en inclinant la tête et baissant les oreilles. Lorsqu'on le tourmente trop, il ouvre la bouche, et retire les lèvres d'une manière très-désagréable; ce qui lui donne l'air moqueur et dérisoire. Si on lui couvre les yeux, il reste immobile ; et lorsqu'il est couché sur le côté, si on lui place la tête de manière que l'œil soit appuyé sur la terre, et

qu'on couvre l'autre œil avec une pierre ou un morceau
de bois, il restera dans cette situation sans faire aucun
mouvement et sans se secouer pour se relever. Il marche, il trotte et il galope comme le cheval; mais tous ces
mouvements sont petits, et beaucoup plus lents. Quoi-
qu'il puisse d'abord courir avec assez de vitesse, il ne
peut fournir qu'une petite carrière pendant un petit espace
de temps : et quelque allure qu'il prenne, si on le presse,
il est bientôt rendu.

Le cheval hennit, et l'âne brait ; ce qui se fait par un
grand cri très-long, très-désagréable, et discordant par
dissonances alternatives de l'aigu au grave et du grave à
l'aigu. Ordinairement il ne crie que lorsqu'il est pressé
d'appétit. L'ânesse a la voix plus claire et plus perçante.
L'âne qu'on fait hongre ne brait qu'à basse voix ; et
quoiqu'il paraisse faire autant d'efforts et les mêmes
mouvements de la gorge, son cri ne se fait pas entendre
de loin.

De tous les animaux couverts de poil, l'âne est celui
qui est le moins sujet à la vermine : jamais il n'a de
poux, ce qui vient apparemment de la dureté et de la sécheresse de sa peau, qui est en effet plus dure que celle
de la plupart des autres quadrupèdes ; et c'est par la
même raison qu'il est bien moins sensible que le cheval
au fouet et à la piqûre des mouches.

A deux ans et demi les premières dents incisives du
milieu tombent, et ensuite les autres incisives à côté
des premières tombent aussi, et se renouvellent dans le
même temps et dans le même ordre que celles du cheval.
L'on connaît aussi l'âge de l'âne par les dents ; les troi-
sièmes incisives de chaque côté le marquent comme
dans le cheval.

Dès l'âge de deux ans l'âne est en état d'engendrer. La
femelle est encore plus précoce que le mâle. Elle met bas
dans le douzième mois. Elle ne produit qu'un petit, et
si rarement deux, qu'à peine en a-t-on des exemples.
Au bout de cinq ou six mois on peut sevrer l'ânon ; et

HISTOIRE DES ANIMAUX.   4

cela est même nécessaire si la mère est pleine. L'âne étalon doit être choisi parmi les plus grands et les plus forts
de son espèce ; il faut qu'il ait au moins trois ans, et
qu'il n'en passe pas dix ; qu'il ait les jambes hautes, le
corps étoffé, la tête élevée et légère, les yeux vifs,
les naseaux gros, l'encolure un peu longue, le poitrail large, les reins charnus, la côte large, la croupe
plate, la queue courte, le poil luisant, doux au toucher,
et d'un gris foncé.

L'âne, qui, comme le cheval, est trois ou quatre ans à
croître, vit aussi comme lui vingt-cinq ou trente ans :
on prétend seulement que les femelles vivent ordinairement plus longtemps que les mâles ; mais cela ne vient
peut-être que de ce qu'étant souvent pleines, elles sont
un peu ménagées, au lieu qu'on excède continuellement
les mâles de fatigue et de coups. Ils dorment moins que
les chevaux, et ne se couchent pour dormir que quand
ils sont excédés. L'âne étalon dure aussi plus longtemps
que le cheval étalon : plus il est vieux, plus il paraît
ardent ; il est moins délicat que le cheval, et il n'est
pas sujet, à beaucoup près, à un aussi grand nombre de maladies ; les anciens même ne lui en con-
naissaient guère d'autres que celle de la morve, à laquelle il est, comme nous l'avons dit, encore bien moins
sujet que le cheval.

Il y a parmi les ânes différentes races comme parmi
les chevaux, mais que l'on connaît moins parce qu'on
ne les a ni soignés ni suivis avec la même attention ;
seulement on ne peut guère douter que tous ne soient
originaires des climats chauds. Aristote assure qu'il n'y
en avait point de son temps en Scythie, ni dans les autres pays septentrionaux qui avoisinent la Scythie, ni
même dans les Gaules, dont le climat, dit-il, ne laisse
pas d'être froid ; et il ajoute que le climat froid, ou les
empêche de produire, ou les fait dégénérer ; et c'est par
cette dernière raison que dans l'Illyrie, la Thrace et
l'Epire, ils sont petits et faibles : ils sont encore tels en
France, quoiqu'ils y soient déjà assez anciennement na-
turalisés ; et que le froid du climat soit bien diminué

depuis deux mille ans, par la quantité de forêts abattues, et de marais desséchés. Mais ce qui paraît encore plus certain, c'est qu'ils sont nouveaux pour la Suède et pour les autres pays du Nord. Ils paraissent être venus originairement d'Arabie, et avoir passé d'Arabie en Egypte, d'Egypte en Grèce, de Grèce en Italie, d'Italie en France, et ensuite en Allemagne, en Angleterre, et enfin en Suède, etc. ; car ils sont en effet d'autant moins forts et d'autant plus petits que les climats sont plus froids.

Cette migration paraît assez bien prouvée par le rapport des voyageurs. Chardin dit « qu'il y a deux sortes » d'ânes en Perse : les ânes du pays, qui sont lents et » pesants, et dont on ne se sert que pour porter des far- » deaux ; et une race d'ânes d'Arabie, qui sont de fort » jolies bêtes, et les premiers ânes du monde : ils ont le » poil poli, la tête haute, les pieds légers ; ils les lèvent » avec action, marchant bien ; et l'on ne s'en sert que » pour montures. Les selles qu'on leur met sont comme » des bâts ronds, et plats par-dessus ; elles sont de drap » ou de tapisserie, avec les harnais et les étriers ; on » s'assied dessus plus vers la croupe que vers le cou. Il » y a de ces ânes qu'on achète jusqu'à quatre cents livres, » et l'on n'en saurait avoir à moins de vingt-cinq pis- » toles. On les panse comme des chevaux ; mais on ne » leur apprend autre chose qu'à aller l'amble ; et l'art » de les y dresser est de leur attacher les jambes, celles » de devant et celles de derrière, du même côté, par » deux cordes de coton, qu'on fait de la mesure du » pas de l'âne qui va l'amble, et qu'on suspend par » une autre corde passée dans la sangle à l'endroit » de l'étrier. Des espèces d'écuyers les montent soir et » matin, et les exercent à cette allure. O leur fend les » nasaux, afin de leur donner plus d'haleine ; et ils vont » si vite, qu'il faut galoper pour les suivre. »

Les Arabes, qui sont dans l'habitude de conserver avec tant de soin et depuis si longtemps les races de leurs chevaux, prendraient-ils la même peine pour les ânes ? ou plutôt ceci ne semblerait-il pas prouver que

4.

le climat d'Arabie est le premier et le meilleur climat
pour les uns et pour les autres ? De là ils ont passé en
Barbarie, en Egypte, où ils sont beaux et de grande
taille, aussi bien que dans les climats excessivement
chauds, comme aux Indes et en Guinée, où ils sont plus
grands, plus forts et meilleurs que les chevaux du pays :
ils sont même en grand honneur au Maduré, où l'une
des plus considérables et des plus nobles tribus des Indes les révère particulièrement, parce qu'ils croient que
les âmes de toute la noblesse passent dans le corps des
ânes. Enfin l'on trouve les ânes en plus grande quantité
que les chevaux dans tous les pays méridionaux, depuis
le Sénégal jusqu'à la Chine : on y trouve aussi des ânes
sauvages plus communément que des chevaux sauvages.
Les Latins, d'après les Grecs, ont appelé l'âne sauvage
onager, onagre, qu'il ne faut pas confondre, comme
l'ont fait quelques naturalistes et plusieurs voyageurs,
avec le zèbre, dont nous donnerons l'histoire à part,
parce que le zèbre est un animal d'une espèce différente
de celle de l'âne. L'onagre, ou l'âne sauvage, n'est point
rayé comme le zèbre, et il n'est pas, à beaucoup près,
d'une figure aussi élégante. On trouve des ânes sauvages dans quelques îles de l'Archipel, et particulièrement
dans celle de Cérigo. Il y en a beaucoup dans les déserts de Libye et de Numidie : ils sont gris et courent si
vite qu'il n'y a que les chevaux barbes qui puissent les
atteindre à la course. Lorsqu'ils voient un homme, ils
jettent un cri, font une ruade, s'arrêtent, et ne fuient
que lorsqu'on les approche. On les prend dans des piè-
ges et dans des lacs de corde. On en mange la chair. Il y avait aussi du
temps de Marmol, que je viens de citer, des ânes sau-
vages dans l'île de Sardaigne, mais plus petits que ceux
d'Afrique. Et Pietro della Valle dit avoir vu un âne sauvage à Bassora : sa figure n'était point différente de celle
des ânes domestiques ; il était seulement d'une couleur
plus claire, et il avait, depuis la tête jusqu'à la queue,
une raie de poil blond : il était aussi beaucoup plus vif
et plus léger à la course que les ânes ordinaires. Olearius
rapporte qu'un jour le roi de Perse le fit monter avec lui
dans un petit bâtiment en forme de théâtre, pour faire

collation de fruits et de confitures ; qu'après le repas on fit entrer trente-deux ânes sauvages, sur lesquels le roi tira quelques coups de fusil et de flèches, et qu'il permit ensuite aux ambassadeurs et autres seigneurs de tirer ; que ce n'était pas un petit divertissement de voir ces ânes, chargés qu'ils étaient de dix flèches, dont ils incommodaient et blessaient les autres quand ils se mêlaient avec eux, de sorte qu'ils se mettaient à se mordre et à ruer les uns contre les autres d'une étrange façon ; et que quand on les eut tous abattus et couchés de rang devant le roi, on les envoya à Ispahan et à la cuisine de la cour, les Persans faisant un si grand état de la chair de ces ânes sauvages, qu'ils en ont fait un proverbe, etc. Mais il n'y a pas apparence que ces trente-deux ânes sauvages fussent tous pris dans les forêts ; et c'étaient probablement des ânes qu'on élevait dans de grands parcs, pour avoir le plaisir de les chasser et de les manger.

On n'a point trouvé d'ânes en Amérique, non plus que de chevaux, quoique le climat, surtout celui de l'Amérique méridionale, leur convienne autant qu'aucun autre. Ceux que les Espagnols y ont transportés d'Europe, et qu'ils ont abandonné dans les grandes îles et dans le continent, y ont beaucoup multiplié ; et l'on y trouve en plusieurs endroits des ânes sauvages qui vont par troupes, et que l'on prend dans des pièges comme les chevaux sauvages.

L'âne avec la jument produit de grands mulets, le cheval avec l'ânesse produit les petits mulets différents des premiers à plusieurs égards : mais nous nous réservons de traiter en particulier de la génération des mulets, des juments, etc., et nous terminerons l'histoire de l'âne par celle de ses propriétés, et des usages auxquels nous pouvons l'employer.

Comme les ânes sauvages sont inconnus dans ces climats, nous ne pouvons pas dire si leur chair est en effet bonne à manger : mais ce qu'il y a de sûr, c'est que celle des ânes domestiques est très-mauvaise, plus dure, plus désagréablement insipide que celle du cheval ; Galien dit même que c'est un aliment pernicieux, et qui donne des maladies. Le lait d'ânesse, au contraire, est un remède éprouvé et spécifique pour certains maux, et l'usage de ce remède s'est conservé depuis les Grecs jusqu'à nous. Pour l'avoir de bonne qualité, il faut choisir une ânesse jeune, saine, bien en chair, qui ait mis bas depuis peu de temps, et qui n'ait pas été couverte depuis : il faut lui ôter l'ânon qu'elle allaite, la tenir propre, la bien nourrir de foin, d'avoine, d'orge et d'herbe dont les qualités salutaires puissent influer sur la maladie ; avoir attention de ne pas laisser refroidir le lait, et même ne le pas exposer à l'air ; ce qui le gâterait en peu de temps.

Les anciens attribuaient aussi beaucoup de vertus médicinales au sang, à l'urine, etc., de l'âne, et beaucoup d'autres qualités spécifiques à la cervelle, au cœur, au foie, etc., de cet animal : mais l'expérience a détruit, ou du moins n'a pas confirmé ce qu'ils nous en disent.

Comme la peau de l'âne est très-dure et très-élastique, on l'emploie utilement à différents usages : on en fait des cribles, des tambours, et de très-bons souliers ; on en fait du gros parchemin pour les tablettes de poche, que l'on enduit d'une couche légère de plâtre. C'est aussi avec le cuir de l'âne que les Orientaux font le sagri, que nous appelons *chagrin*. Il y a apparence que les os, comme la peau de cet animal, sont aussi plus durs que les os des autres animaux, puisque les anciens en faisaient des flûtes, et qu'ils les trouvaient plus sonnantes que tous les autres os.

L'âne est peut-être de tous les animaux celui qui, relativement à son volume, peut porter les plus grand poids ; et comme il ne coûte presque rien à nourrir, et qu'il ne demande, pour ainsi dire, aucun soin, il est d'une grande utilité à la campagne, au moulin, etc. Il peut aussi servir de monture : toutes ses allures sont douces, et il bronche moins que le cheval. On le met souvent à la charrue dans le pays où le terrain est léger ; et son fumier est un excellent engrais pour les terres fortes et humides.

LE BŒUF

La surface de la terre, parée de sa verdure, est le fonds inépuisable et commun duquel l'homme et les animaux tirent leur subsistance. Tout ce qui vit dans la nature vit sur ce qui végète; et les végétaux vivent à leur tour des débris de tout ce qui a vécu et végété. Pour vivre il faut détruire; et ce n'est en effet qu'en détruisant des êtres, que les animaux peuvent se nourrir et se multiplier. Dieu, en créant les premiers individus de chaque espèce d'animal et de végétal, a non-seulement donné la forme à la poussière de la terre, mais il l'a rendue vivante et animée, en renfermant dans chaque individu une quantité plus ou moins grande de principes actifs, de molécules organiques vivantes, indestruc-

tibles , et communes à tous les êtres organisés. Ces mo
lécules passent de corps en corps , et servent également
à la vie actuelle et à la continuation de la vie , à la
nutrition, à l'accroissement de chaque individu; et après
la dissolution du corps , après sa destruction , sa réduc-
tion en cendres , ces molécules organiques , sur lesquel-
les la mort ne peut rien , survivent , circulent dans
l'univers , passent dans d'autres êtres , et y portent la
nourriture et la vie. Toute production , tout renouvellement, tout accroissement par la génération , par la nutrition , par le développement , supposent donc une destruction précédente , une conversion de substance , un
transport de ces molécules organiques qui ne se multiplient pas , mais qui , subsistant toujours en nombre
égal , rendent la nature toujours également vivante ,
la terre également peuplée , et toujours également
resplendissante de la première gloire de celui qui l'a
créée.

A prendre les êtres en général , le total de la quantité
de vie est donc toujours le même ; et la mort, qui semble
tout détruire, ne détruit rien de cette vie primitive, et
commune à toutes les espèces d'êtres organisés. Comme
toutes les autres puissances subordonnées et subalternes, la mort n'attaque que les individus, ne frappe que
la surface, ne détruit que la forme, ne peut rien sur la
matière, et ne fait aucun tort à la nature, qui n'en brille
que davantage, qui ne lui permet pas d'anéantir les espèces, mais la laisse moissonner les individus et les détruire avec le temps, pour se montrer elle-même indé-
pendante de la mort et du temps, pour exercer à chaque
instant sa puissance toujours active, manifester sa plé-
nitude par sa fécondité, et faire de l'univers, en reproduisant, en renouvelant les êtres , un théâtre toujours
rempli, un spectacle toujours nouveau.

Pour que les êtres se succèdent, il est donc nécessaire
qu'ils se détruisent entre eux ; pour que les animaux se
nourrissent et subsistent, il faut qu'ils détruisent les
végétaux ou d'autres animaux; et comme avant et après
la destruction, la quantité de vie reste toujours là même,

il semble qu'il devrait être indifférent à la nature que
telle ou telle espèce détruisît plus ou moins : cependant,
comme une mère économe au sein même de l'abondance, elle a fixé des bornes à la dépense et prévenu le dégât apparent, en ne donnant qu'à peu d'espèces d'animaux l'instinct de se nourrir de chair ; elle a même réduit à un assez petit nombre d'individus ces espèces voraces et carnassières , tandis qu'elle a multiplié bien
plus abondamment et les espèces et les individus de ceux
qui se nourrissent de plantes , et que dans les végétaux
elle semble avoir prodigué ces espèces, et répandu dans
chacune avec profusion le nombre et la fécondité.
L'homme a peut-être beaucoup contribué à seconder ses
vues, à maintenir et même à établir cet ordre sur la terre;
car dans la mer on retrouve cette indifférence que nous
supposions : toutes les espèces sont presque également
voraces ; elles vivent sur elles-mêmes ou sur les autres,
et s'entre-dévorent perpétuellement sans jamais se détruire, parce que la fécondité y est aussi grande que la
déprédation , et que presque toute la nourriture , toute
la consommation tourne au profit de la reproduction.

L'homme sait user en maître de sa puissance sur les
animaux ; il a choisi ceux dont la chair flatte son goût ,
il en a fait des esclaves domestiques, il les a multipliés
plus que la nature ne l'aurait fait, il en forme des troupeaux nombreux , et , par les soins qu'il prend de les
faire naître, il semble avoir acquis le droit de se les
immoler : mais il étend ce droit bien au-delà de ses besoins ; car indépendamment de ces espèces qu'il s'est as-
sujetties, et dont il dispose à son gré, il fait aussi la
guerre aux animaux sauvages , aux oiseaux, aux poissons : il ne se borne pas même à ceux du climat qu'il
habite ; il va chercher au loin , et jusqu'au milieu des
mers, de nouveaux mets ; et la nature entière semble
suffire à peine à son intempérance et à l'inconstante variété de ses appétits. L'homme consomme , engloutit lui
seul plus de chair que tous les animaux ensemble n'en
dévorent : il est donc le plus grand destructeur, et c'est
plus par abus que par nécessité. Au lieu de jouir modérément des biens qui lui sont offerts, au lieu de les dis-

4..

penser avec équité, au lieu de réparer à mesure qu'il détruit, de renouveler lorsqu'il anéantit, l'homme riche met toute sa gloire à consommer, toute sa splendeur à perdre en un jour à sa table plus de biens qu'il n'en faudrait pour faire subsister plusieurs familles, il abuse également et des animaux et des hommes, dont le reste demeure affamé, languit dans la misère, et ne travaille que pour satisfaire à l'appétit immodéré et à la vanité encore plus insatiable de cet homme, qui, détruisant les autres par la disette, se détruit lui-même par les excès.

Cependant l'homme pourrait, comme l'animal, vivre de végétaux; la chair, qui paraît être si analogue à la chair, n'est pas une nourriture meilleure que les grains ou le pain. Ce qui fait la nourriture, celle qui contribue à la nutrition, au développement, à l'accroissement et à l'entretien du corps, n'est pas cette matière brute qui compose à nos yeux la texture de la chair ou de l'herbe; mais ce sont les molécules organiques que l'une et l'autre contiennent, puisque le bœuf en paissant l'herbe, acquiert autant de chair que l'homme ou que les animaux qui ne vivent que de chair et de sang. La seule différence réelle qu'il y ait entre ces aliments, c'est qu'à volume égal, la chair, le blé, les graines, contiennent beaucoup plus de molécules organiques que l'herbe, les feuilles, les racines, et les autres parties des plantes, comme nous nous en sommes assurés en observant les infusions de ces différentes matières: en sorte que l'homme et les animaux dont l'estomac et les intestins n'ont pas assez de capacité pour admettre un très-grand volume d'aliments, ne pourraient pas prendre assez d'herbe pour en tirer la quantité de molécules organiques nécessaires à leur nutrition; c'est par cette raison que l'homme et les autres animaux qui n'ont qu'un estomac ne peuvent vivre que de chair ou de graines, qui, dans un petit volume, contiennent une très-grande quantité de ces molécules organiques nutritives, tandis que le bœuf et les autres animaux ruminants qui ont plusieurs estomacs, dont l'un est d'une très-grande capacité, et qui, par conséquent, peuvent se remplir d'un grand volume d'herbe, en tirent assez de molécules organiques pour se nourrir, croître et multiplier. La quantité compensé ici la qualité de la nourriture : mais le fonds en est le même; c'est la même matière, ce sont les mêmes molécules organiques qui nourrissent le bœuf, l'homme et tous les animaux.

On ne manquera pas de m'opposer que le cheval n'a qu'un estomac, et même assez petit; que l'âne, le lièvre, et d'autres animaux qui vivent d'herbe, n'ont aussi qu'un estomac, et que par conséquent, cette explication, quoique vraisemblable, n'en est peut-être ni plus vraie, ni mieux fondée. Cependant, bien loin que ces exceptions apparentes la détruisent, elles me paraissent au contraire la confirmer; car quoique le cheval et l'âne n'aient qu'un estomac, ils ont des poches dans les intestins, d'une si grande capacité, qu'on peut les comparer à la panse des animaux ruminants; et les lièvres ont l'intestin *cœcum* d'une si grande longueur et d'un tel diamètre, qu'il équivaut au moins à un second estomac. Ainsi il n'est pas étonnant que ces animaux puissent se nourrir d'herbe; et en général on trouvera toujours que c'est de la capacité totale de l'estomac et des intestins que dépend dans les animaux la diversité de leur manière de se nourrir; car les ruminants, comme le bœuf, le bélier, le chameau, etc., ont quatre estomacs, et les intestins d'une longueur prodigieuse; aussi vivent-ils d'herbe, et l'herbe seule leur suffit. Les chevaux, les ânes, les lièvres, les lapins, les cochons d'Inde, etc., n'ont qu'un estomac; mais ils ont un *cœcum* qui équivaut à un second estomac, et ils vivent d'herbe et de graines. Les sangliers, les hérissons, les écureils, etc., dont l'estomac et les boyaux sont d'une moindre capacité, ne mangent que peu d'herbe, et vivent de graines, de fruits, et de racines; et ceux qui, comme les loups, les renards, les tigres, etc., ont l'estomac et les intestins d'une plus petite capacité que tous les autres, relativement au volume de leur corps, sont obligés pour vivre, de choisir les nourritures les plus succulentes, les plus abondantes en molécules organiques, et de manger de la chair, du sang, des graines et des fruits.

C'est donc sur ce rapport physique et nécessaire, beaucoup plus que sur la convenance du goût, qu'est fondée la diversité que nous voyons dans les appétits des animaux : car si la nécessité ne les déterminait pas plus souvent que le goût, comment pouraient-il dévorer la chair infecte et corrompue avec autant d'avidité que la chair succulente et fraîche ? pourquoi mangeraient-ils également de toutes sortes de chair ? Nous voyons que les chiens domestiques, qui ont de quoi choisir, refusent assez constamment certaines viandes, comme la bécasse, la grive, le cochon, etc., tandis que les chiens sauvages, les loups, les renards, etc., mangent également la chair du cochon, et la bécasse, et les oiseaux de toute espèce, et même les grenouilles, car nous en avons trouvé deux dans l'estomac d'un loup ; et lorsque la chair ou le poisson leur manque, ils mangent des fruits, des graines, des raisins, etc., et ils préfèrent toujours tout ce qui, dans un petit volume, contient une grande quantité de parties nutritives, c'est-à-dire de molécules organiques propres à la nutrition et à l'entretien du corps.

Si ces preuves ne paraissent pas suffisantes, que l'on considère encore la manière dont on nourrit le bétail que l'on veut engraisser. On commence par la castration; ce qui supprime la voie par laquelle les molécules organiques s'échappent en plus grande abondance; ensuite, au lieu de laisser le bœuf à sa pâture ordinaire et à l'herbe pour toute nourriture, on lui donne du son, du grain, des navets, des aliments, en un mot, plus substantiels que l'herbe; et en très-peu de temps la quantité de la chair de l'animal augmente, les sucs et la graisse abondent, et font d'une chair assez dure et assez sèche par elle-même une viande succulente et si bonne, qu'elle fait la base de nos meilleurs repas.

Il résulte aussi de ce que nous venons de dire que l'homme dont l'estomac et les intestins ne sont pas d'une très-grande capacité relativement au volume de son corps, ne pourrait pas vivre d'herbe seule, cependant il est prouvé par les faits qu'il pourrait bien vivre de pain , de légumes, et d'autres graines de plantes, puisqu'on connaît des nations entières et des ordres d'hommes auxquels la religion défend de manger de rien qui ait eu vie. Mais ces exemples , appuyés même de l'autorité de Pythagore, et recommandés par quelques médecins trop amis de la diète, ne me paraissent pas suffisants pour nous convaincre qu'il y eût à gagner pour la santé des hommes et pour la multiplication du genre humain à ne vivre que de légumes et de pain . d'autant plus que les gens de la campagne, que le luxe des villes et la somptuosité de nos tables réduisent à cette façon de vivre, languissent et dépérissent plus tôt que les hommes de l'état mitoyen, auxquels l'inanition et les excès sont également inconnus.

Après l'homme, les animaux qui ne vivent que de chair sont les plus grands destructeurs; ils sont en même temps et les ennemis de la nature et les rivaux de l'homme : ce n'est que par une attention toujours nouvelle, et par des soins prémédités et suivis, qu'il peut conserver ses troupeaux, ses volailles, etc., en les mettant à l'abri de la serre de l'oiseau de proie, et de la dent carnassière du loup, du renard, de la fouine, de la belette, etc., ce n'est que par une guerre continuelle qu'il peut défendre son grain, ses fruits, toute sa subsistance, et même ses vêtements, contre la voracité des rats, des chenilles , des scarabées, des mites, etc. : car les insectes sont aussi de ces bêtes qui dans le monde font plus de mal que de bien ; au lieu que le bœuf, le mouton, et les autres animaux qui paissent l'herbe, non-seulement sont les meilleurs, les plus utiles, les plus précieux pour l'homme , puisqu'ils le nourrissent , mais sont encore ceux qui consomment et dépensent le moins : le bœuf surtout est à cet égard l'animal par excellence; car il rend à la terre tout autant qu'il en tire, et même il améliore le fonds sur lequel il vit : il engraisse son pâturage, au lieu que le cheval et la plupart des autres animaux amaigrissent en peu d'années les meilleures prairies.

Mais ce ne sont pas là les seuls avantages que le bétail procuré à l'homme : sans le bœuf, les pauvres et les riches auraient beaucoup de peine à vivre; la terre demeurerait inculte ; les champs, et même les jardins, seraient secs et stériles : c'est sur lui que roulent tous les travaux de la campagne; il est le domestique le plus utile de la ferme, le soutien du ménage champêtre; il fait toute la force de l'agriculture : autrefois il faisait toute la richesse des hommes, et aujourd'hui il est encore la base de l'opulence des Etats, qui ne peuvent se soutenir et fleurir que par la culture des terres et par l'abondance du bétail, puisque ce sont les seuls biens réels, tous les autres, et même l'or et l'argent, n'étant que des biens arbitraires, des représentations, des monnaies de crédits, qui n'ont de valeur qu'autant que le produit de la terre leur en donne.

Le bœuf ne convient pas autant que le cheval, l'âne, le chameau, etc., pour porter les fardeaux ; la forme de son dos et de ses reins le démontre; mais la grosseur de son cou et la largeur de ses épaules indiquent assez qu'il est propre à tirer et à porter le joug : c'est aussi de cette manière qu'il tire le plus avantageusement; et il est singulier que cet usage ne soit pas général, et que dans des provinces entières on l'oblige à tirer par les cornes : la seule raison qu'on ait pu m'en donner, c'est que quand il est attelé par les cornes, on le conduit plus aisément; il a la tête très-forte, et il ne laisse pas de tirer assez bien de cette façon, mais avec beaucoup moins d'avantage que quand il tire par les épaules. Il semble avoir été fait pour la charrue; la masse de son corps, la lanteur de ses mouvements, le peu de hauteur de ses jambes, tout, jusqu'à sa tranquillité et à sa patience dans le travail, semble concourir à le rendre propre à la culture des champs, et plus capable qu'aucun autre de vaincre la résistance constante et toujours nouvelle que la terre oppose à ses efforts. Le cheval, quoique peut-être aussi fort que le bœuf, est moins propre à cet ouvrage; il est trop élevé sur ses jambes; ses mouvements sont trop grands, trop brusques; et d'ailleurs il s'impatiente et se rebute trop aisément; on lui ôte même toute la légèreté, toute la souplesse de ses mouvements, toute la grâce

de son attitude et de sa démarche, lorsqu'on le réduit à
ce travail pesant, pour lequel il faut plus de constance
que d'ardeur, plus de masse que de vitesse, et plus de
poids que de ressort.

Dans les espèces d'animaux dont l'homme a fait des
troupeaux, et où la multiplication est l'objet principal,
la femelle est plus nécessaire, plus utile que le mâle. Le
produit de la vache est un bien qui croît et qui se renouvelle à chaque instant : la chair du veau est une nourriture aussi abondante que saine et délicate ; le lait est
l'aliment des enfants ; le beurre, l'assaisonnement de la
plupart de nos mets ; le fromage, la nourriture la plus
ordinaire des habitants de la campagne. Que de pauvres
familles sont aujourd'hui réduites à vivre de leur vache !
Ces mêmes hommes qui tous les jours et du matin au
soir, gémissent dans le travail et sont courbés sur la
charrue, ne tirent de la terre que du pain noir, et sont
obligés de céder à d'autres la fleur, la substance de leur
grain ; c'est par eux et ce n'est pas pour eux que les
moissons sont abondantes. Ces mêmes hommes qui élèvent, qui multiplient le bétail, qui le soignent et s'en
occupent perpétuellement, n'osent jouir du fruit de leurs
travaux ; la chair de ce bétail est une nourriture dont
ils sont forcés de s'interdire l'usage, réduits par la nécessité de leur condition, c'est-à-dire par la dureté des
autres hommes, à vivre, comme les chevaux, d'orge et
d'avoine, ou de légumes grossiers et de lait aigre.

On peut aussi faire servir la vache à la charrue ; et
quoiqu'elle ne soit pas aussi forte que le bœuf, elle ne
laisse pas de le remplacer souvent. Mais lorsqu'on
veut l'employer à cet usage, il faut avoir attention de
l'assortir, autant qu'on le peut, avec un bœuf de sa taille
et de sa force, ou avec une autre vache, afin de conserver l'égalité du trait, et de maintenir le soc en équilibre
entre ces deux puissances : moins elles sont inégales, et
plus le labour de la terre en est régulier. Au reste,
on emploie souvent six et jusqu'à huit bœufs dans les
terrains fermes, et surtout dans les friches, qui se lèvent
par grosses mottes et par quartiers ; au lieu que deux

vaches suffisent pour labourer les terrains meubles et
sablonneux. On peut aussi, dans ces terrains légers,
pousser à chaque fois le sillon beaucoup plus loin que
dans les terrains forts. Les anciens avaient borné à une
longueur de cent vingt pas la plus grande étendue du
sillon que le bœuf devait tracer par une continuité non
interrompue d'efforts et de mouvements; après quoi, di-
saient-ils, il faut cesser de l'exciter, et le laisser reprendre haleine pendant quelques moments, avant que de
poursuivre le même sillon ou d'en commencer un autre.
Mais les anciens faisaient leurs délices de l'étude de
l'agriculture, et mettaient leur gloire à labourer eux-
mêmes, ou du moins à favoriser le labour, à épargner la
peine du cultivateur et du bœuf; et parmi nous, ceux
qui jouissent le plus des biens de cette terre sont ceux
qui savent le moins estimer, encourager, soutenir l'art
de la cultiver.

Le taureau sert principalement à la propagation de
l'espèce; et quoiqu'on puisse aussi le soumettre au travail, on est moins sûr de son obéissance; et il faut être
en garde contre l'usage qu'il peut faire de sa force. La
nature a fait cet animal indocile et fier; dans le temps du
rut il devient indomptable, et souvent furieux; mais par
la castration l'on détruit la source de ces mouvements
impétueux, et l'on ne retranche rien à sa force : il n'en
est que plus gros, plus massif, plus pesant, et plus propre à l'ouvrage auquel on le destine : il devient aussi
plus traitable, plus patient, plus docile, et moins incommode aux autres. Un troupeau de taureaux ne serait
qu'une troupe effrénée, que l'homme ne pourrait ni
dompter ni conduire.

Le taureau doit être choisi, comme le cheval étalon,
parmi les plus beaux de son espèce : il doit être gros,
bien fait, et en bonne chair; il doit avoir l'œil noir, le
regard fier, le front ouvert, la tête courte, les cornes
grosses, courtes et noires, les oreilles longues et velues,
le muffle grand, le nez court et droit, le cou charnu et
gros, les épaules et la poitrine larges, les reins fermes,
le dos droit, les jambes grosses et charnues, la queue

longue et bien couverte de poil, l'allure ferme et sûre, et le poil rouge.

Les vaches sont sujettes à avorter lorsqu'on ne les ménage pas, et qu'on les met à la charrue, au charroi, etc. Il faut même les soigner davantage et les suivre de plus près lorsqu'elles sont pleines que dans les autres temps, afin de les empêcher de sauter des haies, des fossés, etc. Il faut aussi les mettre dans les pâturages les plus gras, et dans un terrain qui, sans être trop humide et marécageux, soit cependant très-abondant en herbes. Six semaines ou deux mois avant qu'elles mettent bas, on les nourrira plus largement qu'à l'ordinaire, en leur donnant à l'étable de l'herbe pendant l'été, et pendant l'hiver du son le matin, ou de la luzerne, du sainfoin, etc., etc. On cessera aussi de les traire dans ce même temps ; le lait est alors plus nécessaire que jamais pour la nourriture de leur fœtus : aussi y a-t-il des vaches dont le lait tarit absolument un mois ou six semaines avant qu'elles mettent bas. Celles qui ont du lait jusqu'aux derniers jours sont les meilleures mères et les meilleures nourrices ; mais ce lait des derniers temps est généralement mauvais et peu abondant. Il faut les mêmes attentions pour l'accouchement de la vache que pour celui de la jument ; et même il paraît qu'il en faut davantage, car la vache qui met bas paraît être plus épuisée, plus fatiguée que la jument. On ne peut se dispenser de la mettre dans une étable séparée, où il faut qu'elle soit chaudement et commodément sur de la bonne litière, et de la bien nourrir, en lui donnant pendant dix ou douze jours de la farine de fèves, de blé ou d'avoine, etc., délayée avec de l'eau salée, et abondamment de la luzerne, du sainfoin, ou de bonne herbe bien mûre : ce temps suffit ordinairement pour la rétablir, après quoi on la remet par degré à la vie commune et au pâturage : seulement il faut encore avoir l'attention de lui laisser tout son lait pendant les deux premiers mois, le veau profitera davantage ; et d'ailleurs le lait de ces premiers temps n'est pas de bonne qualité.

On laisse le jeune veau auprès de sa mère pendant les

cinq ou six premiers jours, afin qu'il soit chaudement, et qu'il puisse téter aussi souvent qu'il en a besoin; mais il croît et se fortifie assez dans ces cinq ou six jours pour qu'on soit dès lors obligé de l'en séparer si l'on veut la ménager, car il l'épuiserait s'il était toujours auprès d'elle. Il suffira de le laisser téter deux ou trois fois par jour; et si l'on veut lui faire une bonne chair et l'engraisser promptement, on lui donnera tous les jours des œufs crus, du lait bouilli, de la mie de pain : au bout de quatre ou cinq semaines ce veau sera excellent à manger. On pourra donc ne laisser téter que trente ou quarante jours le veau qu'on voudra livrer au boucher; mais il faudra laisser au lait pendant deux mois au moins ceux qu'on voudra nourrir : plus on les laissera téter, plus ils deviendront gros et forts. On préférera pour les élever ceux qui seront nés aux mois d'avril, mai et juin : les veaux qui naissent plus tard ne peuvent acquérir assez de force pour résister aux injures de l'hiver suivant; ils languissent par le froid et périssent presque tous. A deux, trois ou quatre mois, on sévrera donc les veaux qu'on veut nourrir; et, avant de leur ôter le lait absolument, on leur donnera un peu de bonne herbe ou de foin fin, pour qu'ils commencent à s'accoutumer à cette nouvelle nourriture; après quoi on les séparera tout à fait de leur mère, et on ne les en laissera point approcher ni à l'étable, ni au pâturage, où cependant on les mènera tous les jours, et où on les laissera du matin au soir pendant l'été : mais dès que le froid commencera à se faire sentir en automne, il ne faudra les laisser sortir que tard dans la matinée, et les ramener de bonne heure le soir : et pendant l'hiver, comme le grand froid leur est extrêmement contraire, on les tiendra chaudement dans une étable bien fermée et bien garnie de litière; on leur donnera, avec l'herbe ordinaire, du sainfoin, de la luzerne, etc., et on ne les laissera sortir que par le temps doux. Il leur faut beaucoup de soin pour le premier hiver : c'est le temps le plus dangereux de leur vie; car ils se fortifieront assez pendant l'été suivant pour ne plus craindre le froid du second hiver.

La vache est à dix-huit mois en pleine puberté, et le

taureau à deux ans. Les animaux sont dans la plus
grande force depuis trois ans jusqu'à neuf; après cela
les vaches et les taureaux ne sont plus propres qu'à être
engraissés et livrés au boucher. Comme ils prennent en
deux ans la plus grande partie de leur accroissement, la
durée de leur vie est aussi, comme dans la plupart des
autres espèces d'animaux, à peu près de sept fois deux
ans, et communément ils ne vivent guère que quatorze
ou quinze ans.

Dans tous les animaux quadrupèdes la voix du mâle
est plus forte et plus grave que celle de la femelle, et je
ne crois pas qu'il y ait d'exception à cette règle. Quoique
les anciens aient écrit que la vache, le bœuf, et même le
veau, avaient la voix plus grave que le taureau, il est
très-certain que le taureau a la voix beaucoup plus
forte, puisqu'il se fait entendre de bien plus loin que la
vache, le bœuf, ou le veau. Ce qui a fait croire qu'il
avait la voix moins-grave, c'est que son mugissement
n'est pas un son simple, mais un son composé de deux
ou trois octaves, dont le plus élevé frappe le plus l'o-
reille; en y faisant attention, l'on entend en même temps
un son grave, et plus grave que celui de la voix de la
vache, du bœuf et du veau, dont les mugissements sont
aussi bien plus courts. Le taureau ne mugit que
d'amour, la vache mugit plus souvent de peur et d'horreur que d'amour; et le veau mugit de douleur, de besoin
de nourriture, et de désir de sa mère.

Les animaux les plus pesants et les plus paresseux ne
sont pas ceux qui dorment le plus profondément ni le
plus longtemps. Le bœuf dort, mais d'un sommeil court
et léger; il se réveille au moindre bruit. Il se couche
ordinairement sur le côté gauche, et le rein ou le rognon
de ce côté gauche est toujours plus gros et plus chargé de
graisse que le rognon du côté droit.

Les bœufs, comme les autres animaux domestiques,
varient par la couleur : cependant le poil roux paraît
être le plus commun, et plus il est rouge, plus il est
estimé. On fait cas aussi du poil noir, et on prétend que

les bœufs sous poil bai durent longtemps : que les bruns durent moins et se rebutent de bonne heure ; que les gris, les pommelés, et les blancs, ne valent rien pour le travail, et ne sont propres qu'à être engraissés. Mais dé quelque couleur que soit le poil du bœuf, il doit être luisant, épais, et doux au toucher ; car s'il est rude, mal uni, ou dégarni, on a raison de supposer que l'animal souffre, ou du moins qu'il n'est pas d'un fort tempérament. Un bon bœuf pour la charrue ne doit être ni trop gras ni trop maigre ; il doit avoir la tête courte et ramassée, les oreilles grandes, bien velues et bien unies, les cornes fortes, luisantes et de moyenne grandeur, le front large, les yeux gros et noirs, le muffle gros et camus, les naseaux bien ouverts, les dents blanches et égales, les lèvres noires, le cou charnu, les épaules grosses et pesantes, la poitrine large, le *fanon*, c'est-à-dire la peau du devant, pendante jusque sur les genoux, les reins fort larges, le ventre spacieux et tombant, les flancs grands, les hanches longues, la croupe épaisse, les jambes et les cuisses grosses et nerveuses, le dos droit et plein, la queue pendante jusqu'à terre et garnie de poils touffus et fins, les pieds fermes, le cuir grossier et maniable, les muscles élevés, et l'ongle court et large. Il faut aussi qu'il soit sensible à l'aiguillon, obéissant à la voix et bien dressé. Mais ce n'est que peu à peu, et en s'y prenant de bonne heure, qu'on peut accoutumer le bœuf à porter le joug volontiers et à se laisser conduire aisément. Dès l'âge de deux ans et demi, ou trois ans au plus tard, il faut commencer à l'apprivoiser et à le subjuguer ; si l'on attend plus tard, il devient indocile, et souvent indomptable : la patience, la douceur, et même les caresses, sont les seules moyens qu'il faut employer ; la force et les mauvais traitements ne serviraient qu'à le rebuter pour toujours. Il faut donc lui frotter le corps, le caresser, lui donner de temps en temps de l'orge bouillie, des fèves concassées, et d'autres nourritures de cette espèce, dont il est le plus friand, et toutes mêlées de sel, qu'il aime beaucoup. En même temps on lui liera souvent les cornes ; quelques jours après on le mettra au joug, et on lui fera traîner la charrue avec un autre bœuf de la même taille et qui sera tout dressé ; on aura soin de les attacher ensemble à la mangeoire, de les mener de même au pâturage, afin qu'ils se connaissent et s'habituent à n'avoir que des mouvements communs ; et l'on n'emploiera jamais l'aiguillon dans les commencements ; il ne servirait qu'à le rendre plus intraitable. Il faudra aussi le ménager, et ne le faire travailler qu'à petites reprises, car il se fatigue beaucoup tant qu'il n'est pas tout à fait dressé ; et, par la même raison, on le nourrira plus largement alors que dans les autres temps.

Le bœuf ne doit servir que depuis trois ans jusqu'à dix : on fera bien de le retirer alors de la charrue, pour l'engraisser et le vendre ; la chair en sera meilleure que si l'on attendait plus longtemps. On reconnaît l'âge de cet animal par les dents et par les cornes : les premières dents du devant tombent à dix mois, et sont remplacées par d'autres qui ne sont pas si blanches et qui sont plus larges ; à seize mois les dents voisines de celles du milieu tombent, et sont aussi remplacées par d'autres ; et à trois ans toutes les incisives sont renouvelées : elles sont alors égales, longues, et assez blanches. A mesure que le bœuf avance en âge, elles s'usent et deviennent inégales et noires : c'est la même chose pour le taureau et la vache. Ainsi la castration ni le sexe ne changent rien à la crue et à la chute des dents. Cela ne change rien non plus à la chute des cornes ; car elles tombent également à trois ans au taureau, au bœuf, et à la vache, et elles sont remplacées par d'autres cornes qui, comme les secondes dents, ne tombent plus : celles du bœuf et de la vache deviennent seulement plus grosses et plus longues que celles du taureau. L'accroissement de ces secondes cornes ne se fait pas d'une manière uniforme et par un développement égal : la première année, c'est-à-dire la quatrième année de l'âge du bœuf, il lui pousse deux petites cornes pointues, nettes, unies, et terminées vers la tête par une espèce de bourrelet ; l'année suivante, ce bourrelet s'éloigne de la tête, poussé par un cylindre de corne qui se forme et qui se termine aussi par un autre bourrelet, et ainsi de suite ; car tant que l'animal vit, les cornes croissent : ces bourrelets deviennent des nœuds

annulaires, qu'il est aisé de distinguer dans la corne, et
par lesquels l'âge se peut aisément compter, en prenant
pour trois ans la pointe de la corne jusqu'au premier
nœud, et pour un an de plus chacun des intervalles entre
les autres nœuds.

Le cheval mange nuit et jour, lentement, mais presque
continuellement; le bœuf, au contraire, mange vite, et
prend en assez peu de temps toute la nourriture qu'il lui
faut, après quoi il cesse de manger et se couche pour
ruminer : cette différence vient de la différente conformation de l'estomac de ces animaux. Le bœuf, dont les
quatre estomacs ne forment qu'un même sac d'une très-
grande capacité, peut sans inconvénient prendre à la
fois beaucoup d'herbe et le remplir en peu de temps,
pour ruminer ensuite et digérer à loisir. Le cheval, qui
n'a qu'un petit estomac, ne peut y recevoir qu'une petite
quantité d'herbe, et le remplir successivement à mesure
qu'elle s'affaisse et qu'elle passe dans les intestins, où se
fait principalement la décomposition de la nourriture;
car ayant observé dans le bœuf et dans le cheval le produit successif de la digestion, et surtout la décomposition du foin, nous avons vu dans le bœuf qu'au sortir de
la partie de la panse qui forme le second estomac, et
qu'on appelle le *bonnet*, il est réduit en une espèce de
pâte verte, semblable à des épinards hachés et bouillis :
que c'est sous cette forme qu'il est retenu et contenu
dans les plis ou livret du troisième estomac, qu'on
appelle le *feuillet;* que la décomposition en est entière
dans le quatrième estomac, qu'on appelle la *caillette;* et
que ce n'est pour ainsi dire que le marc qui passe dans
les intestins : au lieu que dans le cheval le foin ne se
décompose guère, ni dans l'estomac, ni dans les premiers
boyaux, ou il devient seulement plus souple et plus
flexible, comme ayant été macéré et pénétré de la liqueur
active dont il est environné; qu'il arrive au *cœcum* et
au colon sans grande altération; que c'est principalement dans ces deux intestins, dont l'énorme capacité
répond à celle de la panse des ruminants, que se fait
dans le cheval la décomposition de la nourriture,

et que cette décomposition n'est jamais aussi entière que
celle qui se fait dans le quatrième estomac du bœuf.

On prétend que les bœufs qui mangent lentement
résistent plus longtemps au travail que ceux qui mangent vite ; que les bœufs des pays élevés et secs sont
plus vifs, plus vigoureux et plus sains que ceux des pays
bas et humides ; que tous deviennent plus forts lorsqu'on
les nourrit de foin sec que quand on ne leur donne que
de l'herbe molle ; qu'ils s'accoutument plus difficilement
que les chevaux au changement de climat, et que, par
cette raison, l'on ne doit jamais acheter que dans son
voisinage des bœufs pour le travail.

En hiver, comme les bœufs ne font rien, il suffira de
les nourrir de paille et d'un peu de foin ; mais dans le
temps des ouvrages, on leur donnera beaucoup plus de
foin que de paille, et même un peu de son ou d'avoine,
avant de les faire travailler : l'été, si le foin manque, on
leur donnera de l'herbe fraîchement coupée, ou bien de
jeunes pousses et des feuilles de frêne, d'orme, de
chêne, etc., mais en petite quantité, l'excès de cette nourriture, qu'ils aiment beaucoup, leur causant quelquefois
un pissement de sang. La luzerne, le sainfoin, la vesce,
soit en vert ou en sec, les lupins, les navets, l'orge
bouillie, etc., sont aussi de très-bons aliments pour les
bœufs. Il n'est pas nécessaire de régler la quantité de leur
nourriture ; ils n'en prennent jamais plus qu'il ne leur
en faut, et l'on fera bien de leur en donner toujours
assez pour qu'ils en laissent. On ne les mettra au pâturage que vers le 15 mai : les premières herbes sont trop
crues, et quoiqu'ils les mangent avec avidité, elles ne
laissent pas de les incommoder. On les fera pâturer tout
l'été, et vers le 15 octobre on les remettra au fourrage,
en observant de ne les pas faire passer brusquement du
vert au sec et du sec au vert, mais de les ramener par
degrés à ce changement de nourriture.

La grande chaleur incommode ces animaux, peut-être
plus encore que le grand froid. Il faut pendant l'été les
mener au travail dès la pointe du jour, les ramener à

l'étable, ou les laisser dans les bois pâturer à l'ombre pendant la grande chaleur, et ne les remettre à l'ouvrage qu'à trois ou quatre heures du soir. Au printemps, en hiver, et en automne, on pourra les faire travailler sans interruption depuis huit ou neuf heures du matin jusqu'à cinq ou six heures du soir. Ils ne demandent pas autant de soin que les chevaux; cependant, si l'on veut les entretenir sains et vigoureux, on ne peut guère se dispenser de les étriller tous les jours, de les laver, et de leur graisser la corne des pieds, etc., ils aiment l'eau nette et fraîche, au lieu que le cheval l'aime trouble et tiède.

La nourriture et le soin sont à peu près les mêmes et pour la vache et pour le bœuf; cependant la vache à lait exige des attentions particulières, tant pour la bien choisir que pour la bien conduire. On dit que les vaches noires sont celles qui donnent le meilleur lait, et que les blanches sont celles qui en donnent le plus; mais, de quelque poil que soit la vache à lait, il faut qu'elle soit en bonne chair, qu'elle ait l'œil vif, la démarche légère, qu'elle soit jeune, et que son lait soit, s'il se peut, abondant et de bonne qualité : on la traira deux fois par jour en été, et une fois seulement en hiver; et si l'on veut augmenter la quantité de lait, il n'y a qu'à la nourrir avec des aliments plus succulents que de l'herbe.

Le bon lait n'est ni trop épais ni trop clair; sa consistance doit être telle que lorsqu'on en prend une petite goutte, elle conserve sa rondeur sans couler. Il doit aussi être d'un beau blanc; celui qui tire sur le jaune ou sur le bleu ne vaut rien. Sa saveur doit être douce, sans aucune amertume et sans âcreté; il faut aussi qu'il soit de bonne odeur ou sans odeur. Il est meilleur au mois de mai et pendant l'été que pendant l'hiver; et il n'est parfaitement bon que quand la vache est en bon âge et en bonne santé : le lait des jeunes génisses est trop clair, celui des vieilles vaches est trop sec, et pendant l'hiver, il est trop épais. Ces différentes qualités du lait sont relatives à la quantité plus ou moins grande des parties butyreuses, caséeuses, et séreuses, qui le composent. Le lait trop clair est celui qui abonde trop en parties séreuses. Le lait d'une vache en chaleur n'est pas bon, non plus que celui d'une vache qui approche de son terme, ou qui a mis bas depuis peu de temps. On trouve, dans le troisième et le quatrième estomac du veau qui tette, des grumeaux de lait caillé; ces grumeaux de lait, séchés à l'air, sont la présure dont on se sert pour faire cailler le lait. Plus on garde cette présure, meilleure elle est, et il n'en faut qu'une très-petite quantité pour faire un grand volume de fromage.

Les vaches et les bœufs aiment beaucoup le vin, le vinaigre, le sel, ils dévorent avec avidité une salade assaisonnée. En Espagne et dans quelques autres pays, on met auprès du jeune veau à l'étable une de ces pierres qu'on appelle *salègres,* et qu'on trouve dans les mines de sel gemme : il lèche cette pierre salée pendant tout le temps que sa mère est au pâturage; ce qui excite si fort l'appétit ou la soif, qu'au moment que la vache arrive, le jeune veau se jette à la mamelle, en tire avec avidité beaucoup de lait, s'engraisse et croit bien plus vite que ceux auxquels on ne donne point de sel. C'est par la même raison que quand les bœufs ou les vaches sont dégoûtés, on leur donne de l'herbe trempée dans du vinaigre ou saupoudrée d'un peu de sel : on peut leur en donner aussi lorsqu'ils se portent bien, et que l'on veut exciter leur appétit pour les engraisser en peu de temps. C'est ordinairement à l'âge de dix ans qu'on les met à l'engrais : si l'on attend plus tard, on est moins sûr de réussir, et leur chair n'est pas si bonne. On peut les engraisser en toutes saisons; mais l'été est celle qu'on préfère, parce que l'engrais se fait à moins de frais, et qu'en commençant au mois de mai ou de juin, on est presque sûr de les voir gras avant la fin d'octobre. Dès qu'on voudra les engraisser, on cessera de les faire travailler; on les fera boire beaucoup plus souvent; on leur donnera des nourritures succulentes en abondance, quelquefois mêlées d'un peu de sel, et on les laissera ruminer à loisir et dormir à l'étable pendant les grandes chaleurs : en moins de quatre ou cinq mois ils devien-

dront si gras, qu'ils auront de la peine à marcher, et
qu'on ne pourra les conduire au loin qu'à très-petites
journées. Les vaches, et même les taureaux bistournés,
peuvent s'engraisser aussi ; mais la chair de la vache est
plus sèche, et celle du taureau bistourné est plus rouge
et plus dure que la chair du bœuf, et elle a toujours un
goût désagréable et fort.

Les taureaux, les vaches et les bœufs sont fort sujets à
se lécher, surtout dans les temps qu'ils sont en plein
repos ; et comme l'on croit que cela les empêche d'engraisser, on a soin de frotter de leur fiente tous les
endroits de leur corps auxquels ils peuvent atteindre ;
lorsqu'on ne prend pas cette précaution, ils enlèvent le
poil avec la langue, qu'ils ont fort rude, et ils avalent ce
poil en grande quantité. Comme cette substance ne peut
se digérer, elle reste dans leur estomac, et y forme des
pelotes ronde qu'on a appelées *égagropiles,* et qui sont
quelquefois d'une grosseur si considérable, qu'elles doivent les incommoder par leur volume, et les empêcher
de digérer par leur séjour dans l'estomac. Ces pelotes se
revêtent avec le temps d'une croûte brune assez solide,
qui n'est cependant qu'un mucilage épaissi, mais qui,
par le frottement et la coction, devient dur et luisant.
Elles ne se trouvent jamais que dans la panse ; et s'il
entre du poil dans les autres estomacs, il n'y séjourne
pas, non plus que dans les boyaux, il passe apparemment avec le marc des aliments.

Les animaux qui ont des dents incisives, comme le
cheval et l'âne, aux deux mâchoires, broutent plus aisément l'herbe courte que ceux qui manquent de dents
incisives à la mâchoire supérieure ; et si le mouton et la
chèvre la coupent de très-près, c'est parce qu'ils sont
petits et que leurs lèvres sont minces : mais le bœuf,
dont les lèvres sont épaisses, ne peut brouter que l'herbe
longue, et c'est par cette raison qu'il ne fait aucun tort
au pâturage sur lequel il vit : comme il ne peut pincer
que l'extrémité des jeunes herbes, il n'en ébranle point
la racine et n'en retarde que très-peu l'accroissement ;
au lieu que le mouton et la chèvre les coupent de si près,

qu'ils détruisent la tige et gâtent la racine. D'ailleurs le cheval choisit l'herbe la plus fine, laisse grener et multiplier la grande herbe, dont les tiges sont dures; au lieu que le bœuf coupe ces grosses tiges et détruit peu à peu l'herbe la plus grossière : ce qui fait qu'au bout de quelques années la prairie sur laquelle le cheval a vécu n'est plus qu'un mauvais pré, au lieu que celle que le bœuf a broutée devient un pâturage fin.

L'espèce de nos bœufs, qu'il ne faut pas confondre avec celles de l'aurochs, du buffle, et du bison, paraît être originaire de nos climats tempérés, la grande chaleur les incommodant autant que le froid excessif. D'ailleurs cette espèce, si abondante en Europe, ne se trouve point dans les pays méridionaux, et ne s'est pas étendue au-delà de l'Arménie et de la Perse en Asie, et au-delà de l'Egypte et de la Barbarie en Afrique ; car aux Indes, aussi bien que dans le reste de l'Afrique, et même en Amérique, ce sont des bisons qui ont une bosse sur le dos, ou d'autres animaux, auxquels les voyageurs ont donné le nom de *bœufs*, mais qui sont d'une espèce différente de celle de nos bœufs. Ceux qu'on trouve au cap de Bonne-Espérance et en plusieurs contrées de l'Amérique y ont été transportés d'Europe par les Hollandais et par les Espagnols. En général, il paraît que les pays un peu froids conviennent mieux à nos bœufs que les pays chauds, et qu'ils sont d'autant plus gros et plus grands que le climat est plus humide et plus abondant en pâturages. Les bœufs de Danemark, de la Podolie, de l'Ukraine, et de la Tartarie qu'habitent les Kalmouks, sont les plus grands de tous ; ceux d'Irlande, d'Angleterre, de Hollande, et de Hongrie, sont aussi plus grands que ceux de Perse, de Turquie, de Grèce, d'Italie, de France, et d'Espagne ; et ceux de Barbarie sont les plus petits de tous. On assure même que les Hollandais tirent tous les ans du Danemark un grand nombre de vaches grandes et maigres, et que ces vaches donnent en Hollande beaucoup plus de lait que les vaches de France. C'est apparemment cette même race de vaches à lait qu'on a transportée et multipliée en Poitou, en Aunis, et dans les marais de la Charente, où on les appelle

5

vaches flandrines. Ces vaches sont en effet beaucoup plus grandes et plus maigres que les vaches communes, et elles donnent une fois autant de lait et de beurre ; elles donnent aussi des veaux beaucoup plus grands et plus forts. Elles ont du lait en tout temps, et on peut les traire toute l'année, à l'exception de quatre ou cinq jours avant qu'elles mettent bas. Mais il faut pour ces vaches des pâturages excellents ; quoiqu'elles ne mangent guère plus que les vaches communes, comme elles sont toujours maigres, toute la surabondance de la nourriture se tourne en lait : au lieu que les vaches ordinaires deviennent grasses et cessent de donner du lait dès qu'elles ont vécu pendant quelque temps dans des pâturages trop gras. Avec un taureau de cette race et des vaches communes, on fait une autre race qu'on appelle *bâtarde*, et qui est plus féconde et plus abondante en lait que la race commune. Ces vaches bâtardes donnent souvent deux veaux à la fois, et fournissent du lait pendant toute l'année. Ce sont ces bonnes vaches à lait qui font une partie des richesses de la Hollande, d'où il sort tous les ans pour des sommes considérables de beurre et de fromage. Ces vaches, qui fournissent une ou deux fois autant de lait que les vaches de France, en donnent six fois autant que celles de Barbarie.

En Irlande, en Angleterre, en Hollande, en Suisse, et dans le Nord, on sale et on fume la chair du bœuf en grande quantité, soit pour l'usage de la marine, soit pour l'avantage du commerce. Il sort aussi de ces pays une grande quantité de cuirs : la peau du bœuf, et même celle du veau, servant, comme l'on sait, à une infinité d'usages. La graisse est aussi une matière utile; on la mêle avec le suif du mouton. Le fumier du bœuf est le meilleur engrais pour les terres sèches et légères. La corne de cet animal est le premier vaisseau dans lequel on ait bu, le premier instrument dans lequel on ait soufflé pour augmenter le son, la première matière transparente que l'on ait employée pour faire des vitres, des lanternes, et que l'on ait ramollie, travaillée, moulée, pour faire des boîtes, des peignes, et mille autres ouvrages. Mais finissons, car l'histoire naturelle doit finir où commence l'histoire des arts.

LE BÉLIER ET LA BREBIS

L'on ne peut guère douter que les animaux actuellement domestiques n'aient été sauvages auparavant :
ceux dont nous avons donné l'histoire en ont fourni la
preuve; et l'on trouve encore aujourd'hui des chevaux,
des ânes et des taureaux sauvages. Mais l'homme, qui
s'est soumis tant de millions d'individus, peut-il se glo-
rifier d'avoir conquis une seule espèce entière? Comme
toutes ont été créées sans sa participation, ne peut-on
pas croire que toutes ont eu ordre de croître et de multiplier sans son secours? Cependant, si l'on fait attention
à la faiblesse et à la stupidité de la brebis, si l'on considère en même temps que cet animal sans défense ne
peut même trouver son salut dans la fuite; qu'il a pour
ennemis tous les animaux carnassiers, qui semblent le

chércher de préférence et le dévorer par goût ; que d'ailleurs cette espèce produit peu, que chaque individu ne vit que peu de temps, etc., on serait tenté d'imaginer que dès les commencements la brebis a été confiée à la garde de l'homme, qu'elle a eu besoin de sa protection pour subsister, et de ses soins pour se multiplier, puisqu'en effet on ne trouve point de brebis sauvages dans les déserts ; que, dans tous les lieux où l'homme ne commande pas, le lion, le tigre, le loup règnent par la force et par la cruauté ; que ces animaux de sang et de carnage vivent plus longtemps et multiplient tous beaucoup plus que la brebis ; et qu'enfin si l'on abandonnait encore aujourd'hui dans nos campagnes les troupeaux nombreux de cette espèce que nous avons tant multipliée, ils seraient bientôt détruits sous nos yeux, et l'espèce entière anéantie par le nombre et la voracité des espèces ennemies.

Il paraît donc que ce n'est que par notre secours et par nos soins que cette espèce a duré, dure, et pourra durer encore : il paraît qu'elle ne subsisterait pas par elle-même. La brebis est absolument sans ressource et sans défense : le bélier n'a que de faibles armes ; son courage n'est qu'une seule pétulance inutile pour lui-même et incommode pour les autres, et qu'on détruit par la castration. Les moutons sont encore plus timides que les brebis ; c'est par crainte qu'ils se rassemblent si souvent en troupeaux ; le moindre bruit extraordinaire suffit pour qu'ils se précipitent et se serrent les uns contre les autres ; et cette crainte est accompagnée de la plus grande stupidité, car ils ne savent pas fuir le danger : ils semblent même ne pas sentir l'incommodité de leur situation ; ils restent où ils se trouvent, à la pluie, à la neige ; ils y demeurent opiniâtrement ; et, pour les obliger à changer de lieu et à prendre une route, il leur faut un chef qu'on instruit à marcher le premier, et dont ils suivent tous les mouvements pas à pas. Ce chef demeurerait lui-même, avec le reste du troupeau, sans mouvement, dans la même place, s'il n'était chassé par le berger ou excité par le chien commis à leur garde, lequel sait en effet veiller à leur sûreté, les défendre, les diriger, les séparer, les rassembler, et leur communiquer les mouvements qui leur manquent.

Ce sont donc, de tous les animaux quadrupèdes, les plus stupides; ce sont ceux qui ont le moins de ressource et d'instinct. Les chèvres, qui leur ressemblent à tant d'autres égards, ont beaucoup plus de sentiment; elles savent se conduire, elles évitent les dangers, elles se familiarisent aisément avec les nouveaux objets, au lieu que la brebis ne sait ni fuir ni s'approcher : quelque besoin qu'elle ait de secours, elle ne vient point à l'homme aussi volontiers que la chèvre ; et ce qui, dans les animaux, paraît être le dernier degré de là timidité ou de l'insensibilité, elle se laisse enlever son agneau sans le défendre, sans s'irriter, sans résister, et sans marquer sa douleur par un cri différent du bêlement ordinaire.

Mais cet animal si chétif en lui-même, si dépourvu de sentiment, si dénué de qualités intérieures, est pour l'homme l'animal le plus précieux, celui dont l'utilité est la plus immédiate et la plus étendue : seul il peut suffire aux besoins de la première nécessité; il fournit tout à la fois de quoi se nourrir et se vêtir sans compter les avantages particuliers que l'on sait tirer du suif, du lait, de la peau et même des boyaux, des os et du fumier de cet animal, auquel il semble que la nature n'ait, pour ainsi dire, rien accordé en propre, rien donné que pour le rendre à l'homme.

L'amour, qui dans les animaux est le sentiment le plus vif et le plus général, est aussi le seul qui semble donner quelque vivacité, quelque mouvement au bélier; il devient pétulant, il se bat, il s'élance contre les autres béliers, quelquefois même il attaque son berger; mais la brebis, quoique en chaleur, n'en paraît pas plus animée, pas plus émue ; elle n'a qu'autant d'instinct qu'il en faut pour choisir sa nourriture, et pour reconnaître son agneau. L'instinct est d'autant plus sûr qu'il est plus machinal, et, pour ainsi dire, plus inné : le jeune

agneau cherche lui-même dans un nombreux troupeau,
trouve et saisit la mamelle de sa mère, sans jamais se
méprendre. L'on dit aussi que les moutons sont sensibles aux douceurs du chant, qu'ils paissent avec plus
d'assiduité, qu'ils se portent mieux, qu'ils engraissent
au son du chalumeau, que la musique a pour eux des
attraits; mais l'on dit encore plus souvent et avec plus
de fondement qu'elle sert au moins à charmer l'ennui
du berger, et que c'est à ce genre de vie oisive et soli-
taire que l'on doit rapporter l'origine de cet art.

Ces animaux, dont le naturel est si simple, sont aussi
d'un tempérament très-faible; ils ne peuvent marcher
longtemps; les voyages les affaiblissent et les exténuent:
dès qu'ils courent, ils palpitent et sont bientôt essoufflés;
la grande chaleur, l'ardeur du soleil les incommodent
autant que l'humidité, le froid et la neige; ils sont sujets à grand nombre de maladies, dont la plupart sont
contagieuses; la surabondance de la graisse les fait
quelquefois mourir, et toujours elle empêche les brebis
de produire; elle mettent bas difficilement, elles avor-
tent fréquemment, et demandent plus de soin qu'aucun
des autres animaux domestiques.

Lorsque la brebis est prête à mettre bas, il faut la séparer du reste du troupeau et la veiller, afin d'être à
portée d'aider à l'accouchement. L'agneau se présente
souvent de travers ou par les pieds, et dans ces cas la
mère court risque de la vie si elle n'est aidée. Lorsqu'elle est délivrée, on lève l'agneau et on le met droit
sur ses pieds; on tire en même temps le lait qui est contenu dans les mamelles de la mère; ce premier lait est
gâté, et ferait beaucoup de mal à l'agneau; on attend
donc qu'elles se remplissent d'un nouveau lait avant
que de lui permettre de téter : on le tient chaudement
et on l'enferme pendant trois ou quatre jours avec sa
mère, pour qu'il apprenne à la connaître. Dans ces premiers temps, pour rétablir la brebis, on la nourrit de
son lait et d'orge moulu, ou de son mêlé d'un peu de sel;
on lui fait boire de l'eau un peu tiède, et blanchie avec
de la farine de blé, de fèves, ou de millet : au bout de

quatre ou cinq jours, on pourra la remettre par degrès à la vie commune, et la faire sortir avec les autres; on observera seulement de ne la pas mener trop loin, pour ne pas échauffer son lait : quelque temps après, lorsque l'agneau qui la tette aura pris de la force et qu'il commencera à bondir, on pourra lui laisser suivre sa mère aux champs.

On livre ordinairement au boucher tous les agneaux qui paraissent faibles, et l'on ne garde pour les élever que ceux qui sont les plus vigoureux, les plus gros, et les plus chargés de laine : les agneaux de la première portée ne sont jamais si bons que ceux des portées suivantes. Si l'on veut élever ceux qui naissent aux mois d'octobre, novembre, décembre, janvier, février, on les garde à l'étable pendant l'hiver; on ne les en fait sortir que le soir et le matin pour téter, et on ne les laisse point aller aux champs avant le commencement d'avril : quelque temps auparavant, on leur donne tous les jours un peu d'herbe, afin de les accoutumer peu à peu à cette nouvelle nourriture. On peut les sevrer à un mois; mais il vaut mieux ne le faire qu'à six semaines ou deux mois. On préfère toujours les agneaux blancs et sans taches aux agneaux noirs ou tachés, la laine blanche se vendant mieux que la laine noire ou mêlée.

A un an, les béliers, les brebis et les moutons perdent les deux dents de devant de la mâchoire inférieure : ils manquent, comme l'on sait, de dents incisives à la mâchoire supérieure. A dix-huit mois, les deux dents voisines des deux premières tombent aussi, et à trois ans elles sont toutes remplacées : elles sont alors égales et assez blanches; mais à mesure que l'animal vieillit, elles se déchaussent, s'émoussent, et deviennent inégales et noires. On connaît aussi l'âge du bélier par les cornes; elles paraissent dès la première année, souvent dès la naissance, et croissent tous les ans d'un anneau jusqu'à l'extrémité de la vie. Communément les brebis n'ont pas de cornes; mais elles ont sur la tête des proéminences osseuses aux mêmes endroits où naissent les

cornes des béliers ; il y a cependant quelques brebis qui
ont deux et même quatre cornes; ces brebis sont semblables aux autres ; leurs cornes sont longues de cinq ou
six pouces, moins contournées que celles des béliers ;
et lorsqu'il y a quatre cornes, les deux cornes extérieures sont plus courtes que les deux autres

Le bélier est en état d'engendrer dès l'âge de dix-huit
mois, et à un an la brebis peut produire ; mais on ferait
mieux d'attendre que la brebis ait deux ans, et que le
bélier en ait trois. Un beau et bon bélier doit avoir la
tête forte et grosse, le front large, les yeux gros et noirs,
le nez camus, les oreilles grandes, le cou épais, le corps
long et élevé, les reins et la croupe larges, et la
queue longue : les meilleurs de tous sont les blancs,
bien chargés de laine sur le ventre, sur la queue, sur la
tête, sur les oreilles, et jusque sur les yeux. Les brebis
dont la laine est la plus abondante, la plus touffue, la
plus longue, la plus soyeuse et la plus blanche, sont
aussi les meilleures pour la propagation, surtout si elles
ont en même temps le corps grand, le cou épais, et la
démarche légère. On observe aussi que celles qui sont
plutôt maigres que grasses produisent plus sûrement que
les autres.

Les brebis portent cinq mois, et mettent bas au commencement du sixième. Elles ne produisent ordinairement qu'un agneau, et quelquefois deux. Dans les climats chauds, elles peuvent produire deux fois par an ;
mais en France et dans les pays plus froids elles ne produisent qu'une fois l'année. On donne le bélier à quelques-unes vers la fin de juillet et au commencement
d'août, afin d'avoir des agneaux dans le mois de janvier;
on le donne ensuite à un plus grand nombre dans les
mois de septembre, d'octobre et de novembre, et l'on a
des agneaux abondamment aux mois de février, de mars,
et d'avril : on peut aussi en avoir en quantité aux mois
de mai, juin, juillet, août, et septembre; et ils ne sont
rares qu'aux mois d'octobre, novembre et décembre. La
brebis a du lait pendant sept ou huit mois, et en grande
abondance : ce lait est une assez bonne nourriture pour

les enfants et pour les gens de la campagne ; on en fait aussi de fort bons fromages, surtout en le mêlant avec celui de la vache. L'heure de traire les brebis est immédiatement avant qu'elles aillent aux champs, ou aussitôt après qu'elles sont revenues : on peut les traire deux fois par jour en été, et une fois en hiver.

Les gens qui veulent former un troupeau, et en tirer du profit, achètent des brebis et des moutons de l'âge de dix-huit mois ou deux ans. On en peut mettre cent sous la conduite d'un seul berger : s'il est vigilant et aidé d'un bon chien, il en perdra peu. Il doit les précéder lorsqu'il les conduit aux champs, et les accoutumer à entendre sa voix, à le suivre sans s'arrêter et sans s'écarter dans les blés, dans les vignes, dans les bois et dans les terres cultivées, où ils ne manqueraient pas de causer du dégât. Les coteaux et les plaines élevées au-dessus des collines sont les lieux qui leur conviennent le mieux : on évite de les mener paître dans les endroits bas, humides et marécageux. On les nourrit pendant l'hiver, à l'étable, de son, de navets, de foin, de paille, de luzerne, de sainfoin, de feuilles d'orme, de frêne, etc. On ne laisse pas de les faire sortir tous les jours, à moins que le temps ne soit fort mauvais ; mais c'est plutôt pour les promener que pour les nourrir ; et dans cette mauvaise saison on ne les conduit aux champs que sur les dix heures du matin : on les y laisse pendant quatre ou cinq heures, après quoi on les fait boire et on les ramène vers les trois heures après midi. Au printemps et en automne, au contraire, on les fait sortir aussitôt que le soleil a dissipé la gelée ou l'humidité, et on ne les ramène qu'au soleil couchant. Il suffit aussi, dans ces deux saisons, de les faire boire une seule fois par jour avant de les ramener à l'étable, où il faut qu'ils trouvent toujours du fourrage, mais en plus petite quantité qu'en hiver. Ce n'est que pendant l'été qu'ils doivent prendre aux champs toute leur nourriture ; on les y mène deux fois par jour, et on les fait boire aussi deux fois : on les fait sortir de grand matin, on attend que la rosée soit tombée pour les laisser paître pendant quatre ou cinq heures ; ensuite on les fait boire, et on les ramè-

ne à la bergerie ou dans quelque autre endroit à l'ombre; sur les trois ou quatre heures du soir lorsque la
grande chaleur commence à diminuer, on les mène paître une seconde fois jusqu'à la fin du jour : il faudrait
même les laisser passer toute la nuit aux champs, comme
on le fait en Angleterre, si l'on n'avait rien à craindre
du loup; ils n'en seraient que plus vigoureux, plus propres et plus sains. Comme la chaleur trop vive les
incommode beaucoup, et que les rayons du soleil leur
étourdissent la tête et leur donnent des vertiges, on fera
bien de choisir des lieux opposés au soleil, et de les mener le matin sur des coteaux exposés au levant, et l'a-
près-midi sur des coteaux exposés au couchant, afin
qu'ils aient en paissant la tête à l'ombre de leur corps;
enfin il faut éviter de les faire passer par des endroits
couverts d'épines, de ronces, d'ajoncs, de chardons, si
l'on veut qu'ils conservent leur laine.

Dans les terrains secs, dans les lieux élevés, où le
serpolet et les autres herbes odoriférantes abondent, la
chair du mouton est de bien meilleure qualité que dans
les plaines basses et dans les vallées humides; à moins
que ces plaines ne soient sablonneuses et voisines de la
mer, parce qu'alors toutes les herbes sont salées, et la
chair du mouton n'est nulle part aussi bonne que dans
ces pacages ou prés salés; le lait des brebis y est aussi
plus abondant et de meilleur goût. Rien ne flatte plus
l'appétit de ces animaux que le sel; rien aussi ne leur
est plus salutaire, lorsqu'il leur est donné modérément;
et dans quelques endroits on met dans la bergerie un
sac de sel ou une pierre salée, qu'ils vont lécher tour à
tour.

Tous les ans il faut trier dans le troupeau les bêtes qui
commencent à vieillir, et qu'on veut engraisser : comme
elles demandent un traitement différent de celui des
autres, on doit en faire un troupeau séparé; et si c'est
en été, on les mènera aux champs avant le lever du
soleil, afin de leur faire paître l'herbe humide et chargée
de rosée. Rien ne contribue plus à l'engrais des moutons
que l'eau prise en quantité, et rien ne s'y oppose davan-

tage que l'ardeur du soleil : ainsi on les ramènera à la
bergerie sur les huit ou neuf heures du matin avant la
grande chaleur, et on leur donnera du sel pour les exciter à boire; on les mènera une seconde fois, sur les
quatre heures du soir, dans les pacages les plus frais et
les plus humides. Ces petits soins, continués pendant
deux ou trois mois, suffisent pour leur donner toutes les
apparences de l'embonpoint, et même pour les engraisser
autant qu'ils peuvent l'être; mais cette graisse, qui ne
vient que de la grande quantité d'eau qu'ils ont bue,
n'est pour ainsi dire qu'une bouffissure, un œdème qui
les ferait périr de pourriture en peu de temps, et qu'on
ne prévient qu'en les tuant immédiatement après qu'ils
sont chargés de cette fausse graisse; leur chair même,
loin d'avoir acquis des sucs et de la fermeté, n'en est souvent que plus insipide et plus fade : il faut, lorsqu'on
veut leur faire une bonne chair, ne pas se borner à leur
laisser paître la rosée et boire beaucoup d'eau, mais leur
donner en même temps des nourritures plus succulentes
que l'herbe. On peut les engraisser en hiver et dans
toutes les saisons, en les mettant dans une étable à part,
et en les nourrissant de farines d'orge, d'avoine, de froment, de fèves, etc., mêlées de sel, afin de les exciter à
boire plus souvent et plus abondamment: mais de quelle
manière et dans quelque saison qu'on les ait engraissés,
il faut s'en défaire aussitôt: car on ne peut jamais les
engraisser deux fois, et ils périssent presque tous par
des maladies du foie.

On trouve souvent des vers dans le foie des animaux.
On peut voir la description des vers du foie des moutons
et des bœufs dans le *Journal des savants,* et dans les
Ephémérides d'Allemagne. On croyait que ces vers singuliers ne se trouvaient que dans le foie des animaux ruminants; mais M. Daubenton en a trouvé de tout semblables dans le foie de l'âne, et il est probable qu'on en
trouvera de semblables aussi dans le foie de plusieurs
autres animaux.

Tous les ans on fait la tonte de la laine des moutons,
des brebis, des agneaux : dans les pays chauds, où l'on

ne craint pas de mettre l'animal tout à fait nu, l'on ne coupe pas la laine, mais on l'arrache, et on en fait souvent deux récoltes par an : en France, et dans les climats plus froids, on se contente de la couper une fois par an avec de grands ciseaux, et on laisse aux moutons une partie de leur toison, afin de les garantir de l'intempérie du climat. C'est au mois de mai que se fait cette opération, après les avoir lavés, afin de rendre la laine aussi nette qu'elle peut l'être : au mois d'avril il fait encore trop froid ; et si l'on attendait les mois de juin et de juillet, la laine ne croîtrait pas assez pendant le reste de l'été pour les garantir du froid pendant l'hiver. La laine des moutons est ordinairement plus abondante et meilleure que celle des brebis. Celle du cou et du dos est la laine de la première qualité ; celle des cuisses, de la queue, du ventre, de la gorge, etc., n'est pas si bonne, et celle que l'on prend sur des bêtes mortes ou malades est la plus mauvaise. On préfère la laine blanche à la grise, à la brune, et à la noire, parce qu'à la teinture elle peut prendre toutes sortes de couleurs. Pour la qualité, la laine lisse vaut mieux que la laine crépue ; on prétend même que des moutons dont la laine est trop frisée ne se portent pas aussi bien que les autres. On peut encore tirer des moutons un avantage considérable en les laissant parquer, c'est-à-dire en les laissant séjourner sur les terres qu'on veut améliorer : il faut pour cela enclore le terrain, et y renfermer le troupeau toutes les nuits pendant l'été ; le fumier, l'urine, et la chaleur du corps de ces animaux, ranimeront en peu de temps les terres épuisées, ou froides ou fertiles. Cent moutons amélioreront en un été huit arpents de terre pour six ans.

Les anciens ont dit que tous les animaux ruminants avaient du suif : cependant cela n'est exactement vrai que de la chèvre et du mouton ; et celui du mouton est plus abondant, plus blanc, plus sec, plus ferme, et de meilleure qualité, qu'aucun autre. La graisse diffère du suif en ce qu'elle reste toujours molle, au lieu que le suif durcit en se refroidissant. C'est surtout autour des reins que le suif s'amasse en grande quantité, et le rein

gauche en est toujours plus chargé que le droit, il y en
a aussi beaucoup dans l'épiploon et autour des intestins; mais ce suif n'est pas, à beaucoup près, aussi
ferme ni aussi bon que celui des reins, de la queue, et
des autres parties du corps. Les moutons n'ont pas
d'autre graisse que le suif, et cette matière domine si
fort dans l'habitude de leur corps, que toutes les extrémités de la chair en sont garnies; le sang même en contient une assez grande quantité.

Le goût de la chair de mouton, la finesse de la laine,
la quantité de suif, et même la grandeur et la grosseur
du corps de ces animaux, varient beaucoup, suivant les
différents pays. En France, le Berri est la province où
ils sont plus abondants; ceux des environs de Beauvais
sont les plus gras et les plus chargés de suif, aussi bien
que ceux de quelques endroits de la Normandie; ils sont
très-bons en Bourgogne; mais les meilleurs de tous sont
ceux des côtes sablonneuses de nos provinces mariti-
mes. Les laines d'Italie, d'Espagne, et même d'Angleterre, sont plus fines que les laines de France. Il y a en
Poitou, en Provence, aux environs de Bayonne, et dans
quelques autres endroits de la France, des brebis qui
paraissent être de race étrangère, et qui sont plus grandes, plus fortes, et plus chargées de laine que celles de
la race commune : ces brebis produisent aussi beaucoup
plus que les autres, et donnent souvent deux agneaux à
la fois ou deux agneaux par an. Les béliers de cette race
engendrent avec les brebis ordinaires, ce qui produit une
race intermédiaire qui participe des deux dont elle sort.
En Italie et en Espagne il y a encore un plus grand
nombre de variétés dans les races des brebis; mais toutes doivent être regardées comme ne formant qu'une
seule et même espèce avec nos brebis, et cette espèce si
abondante et si variée ne s'étend guère au-delà de l'Europe. Les animaux à longue et large queue qui sont
communs en Afrique et en Asie, et auxquels les voyageurs
ont donné le nom de *moutons de Barbarie* paraissent être
d'une espèce différente de nos moutons, aussi bien que
la vigogne et le lama d'Amérique.

Comme la laine blanche est plus estimée que la noire,

on détruit presque partout avec soin les agneaux noirs
ou tachés; cependant il y a des endroits où presque
toutes les brebis sont noires, et partout on voit souvent
naître d'un bélier blanc et d'une brebis blanche des
agneaux noirs. En France il n'y a que des moutons
blancs, bruns, noirs et tachés; en Espagne il y a des
moutons roux; en Ecosse il y en a de jaunes : mais ces
différences et ces variétés dans la couleur sont encore
plus accidentelles que les différences et les variétés des
races qui ne viennent cependant que de la différence de
la nourriture et de l'influence du climat.

LE BOUC ET LA CHÈVRE

Quoique les espèces dans les animaux soient toutes
séparées par un intervalle que la nature ne peut franchir, quelques-unes semblent se rapprocher par un si
grand nombre de rapports, qu'il ne reste pour ainsi dire
entre elles que l'espace nécessaire pour tirer la ligne de
séparation ; et lorsque nous comparons ces espèces voisines, et que nous les considérons relativement à nous,
les unes se présentent comme des espèces de première
utilité, et les autres semblent n'être que des espèces
auxiliaires, qui pourraient, à bien des égards, remplacer
les premières, et nous servir aux mêmes usages. L'âne
pourrait presque remplacer le cheval ; et de même, si
l'espèce de la brebis venait à nous manquer, celle de la
chèvre pourrait y suppléer. La chèvre fournit du lait
comme la brebis, et même en plus grande abondance ;
elle donne aussi du suif en quantité ; son poil, quoique

plus rude que la laine, sert à faire de très-bonnes étoffes ; sa peau vaut mieux que celle du mouton ; la chair du chevreau approche assez de celle de l'agneau, etc. Ces espèces auxiliaires sont plus agrestes, plus robustes, que les espèces principales : l'âne et la chèvre ne demandent point autant de soins que le cheval et la brebis ; partout ils trouvent à vivre, et broutent également les plantes de toute espèce, les herbes grossières, les arbrisseaux chargés d'épines, ils sont moins affectés de l'intempérie du climat, ils peuvent mieux se passer du secours de l'homme : moins ils nous appartiennent, plus ils semblent appartenir à la nature ; et au lieu d'imaginer que ces espèces subalternes n'ont été produites que par la dégénération des espèces premières ; au lieu de regarder l'âne comme un cheval dégénéré, il y aurait plus de raison de dire que le cheval est un âne perfectionné ; que la brebis n'est qu'une espèce de chèvre plus délicate que nous avons soignée, perfectionnée, propagée pour notre utilité ; et qu'en général les espèces les plus parfaites, surtout dans les animaux domestiques, tirent leur origine de l'espèce moins parfaite des animaux sauvages qui en approche le plus, la nature seule ne pouvant faire autant que la nature et l'homme réunis.

Quoi qu'il en soit, la chèvre est une espèce distincte, et peut-être encore plus éloignée de celle de la brebis que l'espèce de l'âne ne l'est de celle du cheval. Le bouc s'accouple volontiers avec la brebis, comme l'âne avec la jument ; et le bélier se joint avec la chèvre, comme le cheval avec l'ânesse : mais quoique ces accouplements soient assez fréquents, et quelquefois prolifiques, il ne s'est point formé d'espèce intermédiaire entre la chèvre et la brebis : ces deux espèces sont distinctes, demeurent constamment séparées, et toujours à la même distance l'une de l'autre ; elles n'ont donc point été altérées par ces mélanges ; elles n'ont point fait de nouvelles souches et de nouvelles races d'animaux mitoyens ; elles n'ont produit que des différences individuelles, qui n'influent pas sur l'unité de chacune des espèces primitives, et qui confirment au contraire la réalité de leur différence caractéristique.

La chèvre a de sa nature plus de sentiment et de ressource que la brebis; elle vient à l'homme volontiers, elle se familiarise aisément, elle est sensible aux caresses et capable d'attachement; elle est aussi plus forte, plus légère, plus agile et moins timide que la brebis; elle est vive, capricieuse, lascive et vagabonde. Ce n'est qu'avec peine qu'on la conduit, et qu'on peut la réduire en troupeau; elle aime à s'écarter dans les solitudes, à grimper sur les lieux escarpés, à se placer et même à dormir sur la pointe des rochers et sur le bord des précipices : elle cherche le mâle avec empressement, et produit de très-bonne heure : elle est robuste, aisée à nourrir; presque toutes les herbes lui sont bonnes, et il y en a peu qui l'incommodent. Le tempérament, qui dans tous les animaux influe beaucoup sur le naturel, ne paraît cependant pas dans la chèvre différer essentiellement de celui de la brebis. Ces deux espèces d'animaux, dont l'organisation intérieure est presque entièrement semblable, se nourrissent, croissent et multiplient de la même manière et se ressemblent encore par le caractère des maladies, qui sont les mêmes, à l'exception de quelques-unes auxquelles la chèvre n'est pas sujette : elle ne craint pas, comme la brebis, la trop grande chaleur; elle dort au soleil, s'expose volontiers à ses rayons les plus vifs, sans en être incommodée, et sans que cette ardeur lui cause ni étourdissements ni vertiges : elles ne s'effraye point des orages, ne s'impatiente pas à la pluie; mais elle paraît être sensible à la rigueur du froid. Les mouvements extérieurs, lesquels comme nous l'avons dit, dépendent beaucoup moins de la conformation du corps que de la force et de la variété des sensations relatives à l'appétit et au désir, sont, par cette raison, beaucoup moins mesurés, beaucoup plus vifs dans la chèvre que dans la brebis. L'inconstance de son naturel se marque par l'irrégularité de ses actions; elle marche, elle s'arrête, elle court, elle bondit, elle saute, s'approche, s'éloigne, se montre, se cache ou fuit, comme par caprice et sans autre cause déterminante que celle de la vivacité bizarre de son sentiment intérieur; et toute la souplesse des organes, tout le nerf du corps, suffisent à peine à la pétulance et à la rapidité de ces mouvements, qui lui sont naturels.

. On a des preuves que ces animaux sont naturellement amis de l'homme, et que dans les lieux inhabités ils ne deviennent point sauvages. En 1698, un vaisseau anglais ayant relâché à l'île de Bonavista, deux nègres se présentèrent à bord, et offrirent *gratis* aux Anglais autant de boucs qu'ils en voudraient emporter. A l'étonnement que le capitaine marqua de cette offre, les nègres répondirent qu'il n'y avait que douze personnes dans toute l'île, que les boucs et les chèvres s'y étaient multipliés jusqu'à devenir incommodes, et que, loin de donner beaucoup de peine à les prendre, ils suivaient les hommes avec une sorte d'obstination, comme les animaux domestiques.

Le bouc peut engendrer à un an, et la chèvre dès l'âge de sept mois; mais les fruits de cette génération précoce sont faibles et défectueux, et l'on attend ordinairement que l'un et l'autre aient dix-huit mois ou deux ans avant de leur permettre de se joindre. Les chèvres portent cinq mois et mettent bas au commencement du sixième; elles allaitent leur petit pendant un mois ou cinq semaines : ainsi l'on doit compter environ six mois et demi entre le temps auquel on les aura fait couvrir et celui où le chevreau pourra commencer à paître.

Lorsqu'on les conduit avec les moutons, elles ne restent pas à leur suite; elles précèdent toujours le troupeau. Il vaut mieux les mener séparément paître sur les collines; elles aiment mieux les lieux élevés et les montagnes, même les plus escarpées; elles trouvent autant de nourriture qu'il leur en faut dans les bruyères, dans les friches, dans les terrains incultes, et dans les terres stériles. Il faut les éloigner des endroits cultivés, les empêcher d'entrer dans les blés, dans les vignes, dans les bois : elles font un grand dégât dans les taillis; les arbres, dont elles broutent avec avidité les jeunes pousses et les écorces tendres, périssent presque tous. Elles craignent les lieux humides, les prairies marécageuses, les pâturages gras. On en élève rarement dans les pays de plaine; elles s'y portent mal, et leur chair est de mauvaise qualité. Dans la plupart des climats chauds, l'on

nourrit des chèvres en grande quantité et on ne leur
donne point d'étable ; en France, elles périraient si on
ne les mettait pas à l'abri pendant l'hiver. On peut se
dispenser de leur donner de la litière en été, mais il leur
en faut pendant l'hiver ; et, comme toute humidité les
incommode beaucoup, on ne les laisse pas coucher sur
leur fumier, et on leur donne souvent de la litière fraîche. On les fait sortir de grand matin pour les mener
aux champs ; l'herbe chargée de rosée, qui n'est pas
bonne pour les moutons, fait grand bien aux chèvres.
Comme elles sont indociles et vagabondes, un homme,
quelque robuste et quelque agile qu'il soit, n'en peut
guère conduire que cinquante. On ne les laisse pas sortir pendant les neiges et les frimas; on les nourrit à l'é-
table d'herbes et de petites branches d'arbres cueillies
en automne, ou de choux, de navets, et d'autres légumes. Plus elles mangent, plus la quantité de lait augmente ; et, pour entretenir et augmenter encore cette
abondance de lait, on les fait beaucoup boire, et on leur
donne quelquefois du salpêtre ou de l'eau salée. On peut
commencer à les traire quinze jours après qu'elles ont
mis bas : elles donnent du lait en quantité pendant quatre à cinq mois, et elles en donnent soir et matin.

La chèvre ne produit ordinairement qu'un chevreau,
quelquefois deux, très-rarement trois, et jamais plus de
quatre : elle ne produit que depuis l'âge d'un an, ou dix-
huit mois, jusqu'à sept ans. Le bouc pourrait engendrer
jusqu'à cet âge, et peut-être au delà, si on le ménageait
davantage ; mais communément il ne sert que jusqu'à
l'âge de cinq ans ; on le réforme alors pour l'engraisser
avec les vieilles chèvres et les jeunes chevreaux mâles,
que l'on coupe à l'âge de six mois, afin de rendre leur
chair plus succulente et plus tendre. On les engraisse
de la même manière que l'on engraisse les moutons ;
mais, quelque soin qu'on prenne et quelque nourriture
qu'on leur donne, leur chair n'est jamais aussi bonne
que celle du mouton, si ce n'est dans les climats très-
chauds où la chair du mouton est fade et de mauvais goût. L'odeur forte du bouc ne vient pas de sa chair,
mais de sa peau. On ne laisse pas vieillir ces animaux,

qui pourraient peut-être vivre dix ou douze ans : on s'en
défait dès qu'ils cessent de produire ; et plus ils sont
vieux, plus leur chair est mauvaise. Communément les
boucs et les chèvres ont des cornes ; cependant il y a,
quoique en moindre nombre, des chèvres et des boucs
sans cornes. Ils varient aussi beaucoup par la couleur
du poil. On dit que les blanches et celles qui n'ont point
de cornes sont celles qui donnent le plus de lait, et que
les noires sont les plus fortes et les plus robustes de
toutes. Ces animaux, qui ne coûtent presque rien à
nourrir, ne laissent pas de faire un produit assez considérable ; on en vend la chair, le suif, le poil, et la peau.
Leur lait est plus sain et meilleur que celui de la brebis :
il est d'usage dans la médecine ; il se caille aisément, et
l'on en fait de très-bons fromages. Comme il ne contient
que peu de parties butyreuses, l'on ne doit pas en séparer la crème. Les chèvres se laissent téter aisément,
même par les enfants, pour lesquels leur lait est une
très-bonne nourriture : elles sont, comme les vaches et
les brebis, sujettes à être tétées par la couleuvre, et encore
par un oiseau connu sous le nom de *tette-chèvre* ou *cra-
paud volant,* qui s'attache à leur mamelle pendant la
nuit, et leur fait, dit-on, perdre leur lait.

Les chèvres n'ont point de dents incisives à la mâchoire supérieure ; celles de la mâchoire inférieure tombent et se renouvellent dans le même temps et dans
le même ordre que celles des brebis : les nœuds des
cornes et des dents peuvent indiquer l'âge. Le nombre
des dents n'est pas constant dans les chèvres ; elles en
ont ordinairement moins que les boucs, qui ont aussi le
poil plus rude, la barbe et les cornes plus longues que
les chèvres. Ces animaux, comme les bœufs et les moutons, ont quatre estomacs et ruminent : l'espèce en est
plus répandue que celle de la brebis ; on trouve des chèvres semblables aux nôtres dans plusieurs parties du
monde : elles sont seulement plus petites en Guinée et
dans les autres pays chauds ; elles sont plus grandes en
Moscovie et dans les autres climats froids. Les chèvres
d'Angora ou de Syrie, à oreilles pendantes, sont de la
même espèce que les nôtres ; elles se mêlent et produi-

sent ensemble, même dans nos climats. Le mâle a les
cornes à peu près aussi longues que le bouc ordinaire,
mais dirigées et contournées d'une manière différente;
elles s'étendent horizontalement de chaque côté de la
tête, et forment des spirales à peu près comme un tire-
bourre. Les cornes de la femelle sont courtes, et se re-
courbent en arrière, en bas et en avant, de sorte qu'elles
aboutissent auprès de l'œil; et il paraît que leur contour
et leur direction varient. Ces chèvres ont, comme presque tous les autres animaux de Syrie, le poil très-long,
très-fourni, et si fin qu'on en fait des étoffes aussi belles
et aussi lustrées que nos étoffes de soie

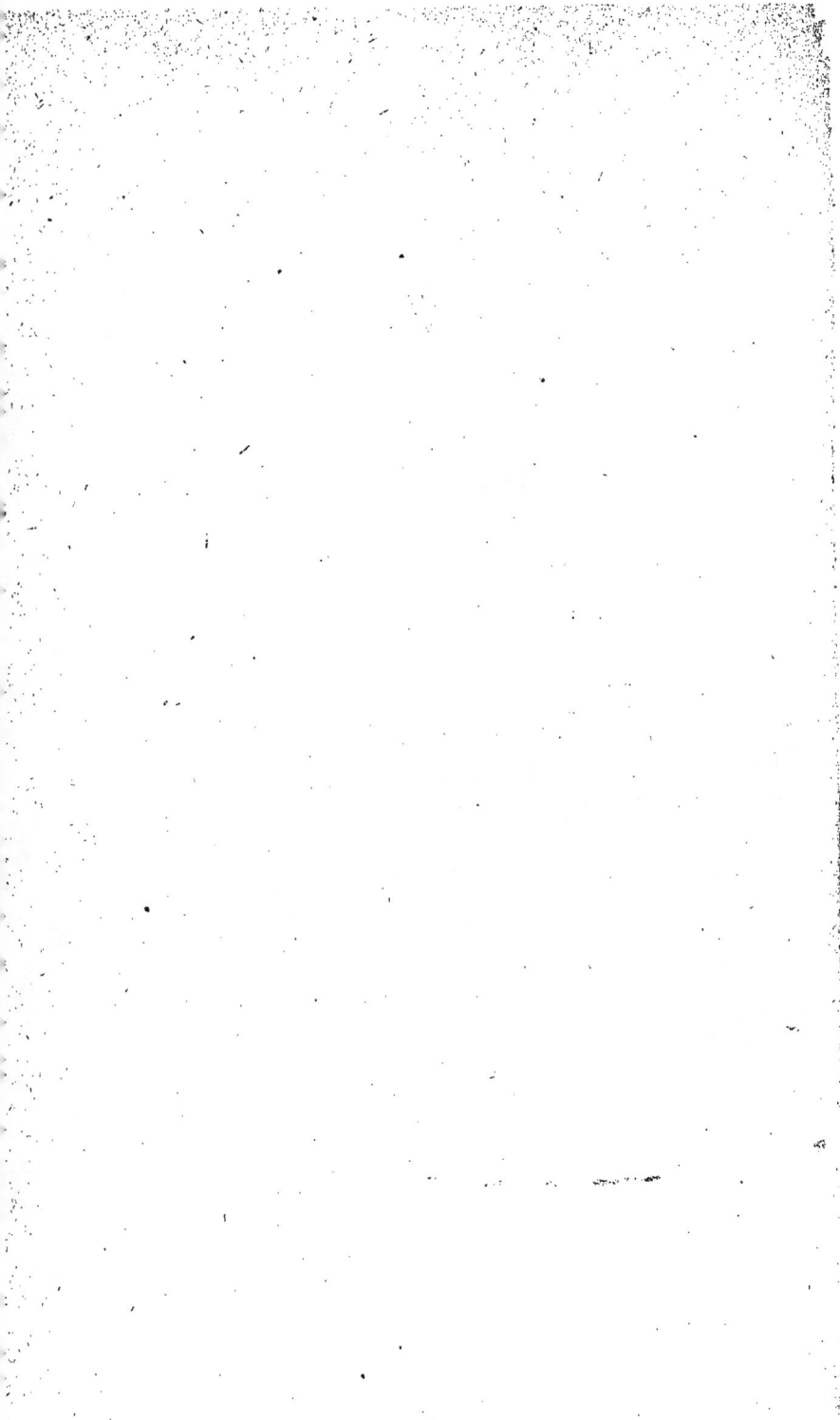

LE COCHON, LE COCHON DE SIAM, ET LE SANGLIER.

Nous mettons ensemble le cochon, le cochon de Siam, et le sanglier, parce que tous trois ne font qu'une seule et même espèce : l'un est l'animal sauvage, les deux autres sont l'animal domestique ; et quoiqu'ils diffèrent par quelques marques extérieures, peut-être aussi par quelques habitudes, comme ces différences ne sont pas essentielles, qu'elles sont seulement relatives à leur condition, que leur naturel n'est pas même fort altéré par l'état de domesticité, qu'enfin ils produisent ensemble des individus qui peuvent en produire d'autres, caractère qui constitue l'unité et la constance de l'espèce, nous n'avons pas dû les séparer.

Ces animaux sont singuliers ; l'espèce en est pour ainsi

dire unique; elle est isolée; elle semble exister plus
solitairement qu'aucune autre; elle n'est voisine d'aucune espèce qu'on puisse regarder comme principale ni
comme accessoire, telle que l'espèce du cheval relativement à celle de l'âne, ou l'espèce de la chèvre relativement à la brebis : elle n'est pas sujette à une grande
variété de races comme celle du chien; elle participe de
plusieurs espèces, et cependant elle diffère essentiellement de toutes. Que ceux qui veulent réduire la nature
à de petits systèmes, qui veulent renfermer son immensité dans les bornes d'une formule, considèrent avec
nous cet animal, et voient s'il n'échappe pas à toutes
leurs méthodes. Par les extrémités il ne ressemble point
à ceux qu'ils ont appelés *solipèdes*, puisqu'il a le pied
divisé; il ne ressemble point à ceux qu'ils ont appelés
pieds fourchus, puisqu'il a réellement quatre doigts au
dedans, quoiqu'il n'en paraisse que deux à l'extérieur;
il ne ressemble point à ceux qu'ils ont appelés *fissipèdes*, puisqu'il ne marche que sur deux doigts, et que les
deux autres ne sont ni développés ni posés comme ceux
des fissipèdes, ni même assez allongés pour qu'il puisse
s'en servir. Il a donc des caractères équivoques, des caractères ambigus, dont les uns sont apparents et les autres obscurs. Dira-t-on que c'est une erreur de la nature?
que ces phalanges, ces doigts, qui ne sont pas assez développés à l'extérieur, ne doivent point être comptés?
Mais cette erreur est constante. D'ailleurs cet animal ne
ressemble point aux *pieds fourchus* par les autres os du
pied, et il en diffère encore par les caractères les plus
frappants : car ceux-ci ont des cornes, et manquent de
dents incisives à la mâchoire supérieure; ils ont quatre
estomacs, ils ruminent, etc. Le cochon n'a point de cornes; il a des dents en haut comme en bas; il n'a qu'un
estomac; il ne rumine point : il est donc évident qu'il
n'est ni du genre des *solipèdes* ni de celui des *pieds four
chus;* il n'est pas non plus de celui des *fissipèdes*, puisqu'il diffère de ces animaux non seulement par l'extrémité du pied, mais encore par les dents, par l'estomac,
par les intestins, etc. Tout ce que l'on pourrait dire,
c'est qu'il fait la nuance, à certains égards, entre les
solipèdes et les *pieds fourchus*, et, à d'autres égards, entre

les *pieds fourchus* et les *fissipèdes* ; car il diffère moins des *solipèdes* que des autres par l'ordre et le nombre des dents.

Ce n'est point en resserrant la sphère de la nature et en la renfermant dans un cercle étroit qu'on pourra la connaître ; ce n'est point en la faisant agir par des vues particulières qu'on saura la juger ni qu'on pourra la deviner ; ce n'est point en lui prêtant nos idées qu'on approfondira les desseins de son auteur. Au lieu de resserrer les limites de sa puissance, il faut les reculer, les étendre jusque dans l'immensité ; il faut ne rien voir d'impossible, s'attendre à tout, et supposer que tout ce qui peut-être est. Les espèces ambiguës, les productions irrégulières, les êtres anormaux, cesseront dès lors de nous étonner, et se trouveront aussi nécessairement que les autres dans l'ordre infini des choses ; ils en forment les nœuds, les points intermédiaires ; ils en marquent aussi les extrémités. Ces êtres sont pour l'esprit humain des exemplaires précieux, uniques, où la nature, paraissant moins conforme à elle-même, se montre plus à découvert ; où nous pouvons reconnaître des caractères singuliers, et des traits fugitifs qui nous indiquent que ses fins sont bien plus générales que nos vues, et que si elle ne fait rien en vain, elle ne fait rien non plus dans les desseins que nous lui supposons.

En effet, ne doit-on pas faire des réflexions sur ce que nous venons d'exposer ? Ne doit-on pas tirer des inductions de cette singulière conformation du cochon ? Il ne paraît pas avoir été formé sur un plan original, particulier et parfait, puisqu'il est un composé des autres animaux : il a évidemment des parties inutiles, ou plutôt des parties dont il ne peut faire usage, des doigts dont tous les os sont parfaitement formés, et qui cependant ne lui servent à rien. La nature est donc bien éloignée de s'assujettir à des causes finales dans la composition des êtres : pourquoi n'y mettrait-elle pas quelquefois des parties surabondantes, puisqu'elle manque si souvent d'y mettre des parties essentielles ? Combien n'y a-t-il pas d'animaux privés de sens et de membres ! Pour-

6.

quoi veut-on que dans chaque individu toute partie soit utile aux autres et nécessaire au tout? Ne suffit-il pas, pour qu'elles se trouvent ensemble, qu'elles ne se nuisent pas, qu'elles puissent croître sans obstacles, et se développer sans s'oblitérer mutuellement? Tout ce qui ne se nuit point assez pour se détruire, tout ce qui peut subsister ensemble, subsiste ; et peut-être y a-t-il dans la plupart des êtres moins de parties relatives, utiles, ou nécessaires, que de parties indifférentes, inutiles, ou surabondantes. Mais comme nous voulons toujours tout rapporter à un certain but, lorsque les parties n'ont pas des usages apparents, nous leur supposons des usages cachés ; nous imaginons des rapports qui n'ont aucun fondement, qui n'existent point dans la nature des choses, et qui ne servent qu'à l'obscurcir : nous ne faisons pas attention que nous altérons la philosophie, que nous en dénaturons l'objet, qui est de connaître le *comment* des choses, la manière dont la nature agit, et que nous substituons à cet objet réel une idée vaine, en cherchant à deviner le *pourquoi* des faits, la fin qu'elle se propose en agissant.

Aux singularités que nous avons déjà rapportées, nous devons en ajouter une autre : c'est que la graisse de cochon est différente de celle de presque tous les autres animaux quadrupèdes, non-seulement par sa consistance et sa qualité, mais aussi par sa position dans le corps de l'animal. La graisse de l'homme et des animaux qui n'ont point de suif, comme le chien, le cheval, etc., est mêlée avec la chair assez également : le suif dans le bélier, le bouc, le cerf, etc., ne se trouve qu'aux extrémités de la chair : mais le lard du cochon n'est ni mêlé avec la chair, ni ramassé aux extrémités de la chair ; il la recouvre partout, et forme une couche épaisse, distincte et continue entre la chair et la peau. Le cochon a cela de commun avec la baleine et les autres animaux cétacés, dont la graisse n'est qu'une espèce de lard à peu près de la même consistance, mais plus huileux que celui du cochon. Ce lard, dans les animaux cétacés, forme aussi sous la peau une couche de plusieurs pouces d'épaisseur qui enveloppe la chair.

Encore une singularité, même plus grande que les autres : c'est que le cochon ne perd aucune de ses premières dents. Les autres animaux, comme le cheval, l'âne
le bœuf, la brebis, la chèvre, le chien, et même l'homme
perdent tous leurs premières dents incisives : ces dents
de lait tombent avant la puberté, et sont bientôt remplacées par d'autres. Dans le cochon, au contraire, les dents
de lait ne tombent jamais, elles croissent même pendant
toute la vie. Il a six dents au-devant de la mâchoire inférieure, qui sont incisives et tranchantes'; il a aussi à la
mâchoire supérieure six dents correspondantes : mais,
par une imperfection qui n'a pas d'exemple dans la
nature, ces six dents de la mâchoire supérieure sont
d'une forme très-différente de celle des dents de la
mâchoire inférieure; au lieu d'être incisives et tranchantes, elle sont longues, et émoussées à la pointe, en
sorte qu'elles forment un angle presque droit avec celles
de la mâchoir einférieure, et qu'elles ne s'appliquent que
très-obliquement les unes contre les autres par leurs
extrémités.

Il n'y a que le cochon, et deux ou trois autres espèces
d'animaux, qui aient des défenses ou des dents canines
très-allongées : elles diffèrent des autres dents en ce
qu'elles sortent au dehors et qu'elles croissent pendant
toute la vie. Dans l'éléphant et la vache marine elles
sont cylindriques et longues de quelques pieds; dans le
sanglier et le cochon mâle elles se courbent en portion
de cercle, elles sont plates et tranchantes, et j'en ai vu
de neuf à dix pouces de longueur. Elles sont enfoncées
très-profondément dans l'alvéole, et elles ont aussi,
comme celles de l'éléphant, une cavité à leur extrémité
supérieure : mais l'éléphant et la vache marine n'ont de
défense qu'à la mâchoire supérieure : ils manquent même
des dents canines à la mâchoire inférieure, au lieu que
le cochon mâle et le sanglier en ont aux deux mâchoires,
et celles de la mâchoire inférieure sont plus utiles à l'a-
nimal; elles sont aussi plus dangereuses, car c'est avec
les défenses d'en bas que le sanglier blesse.

La truie, la laie, et le cochon coupé ont aussi ces

dents canines à la mâchoire inférieure; mais elles croissent beaucoup moins que celles du mâle, et ne sortent presque point au dehors. Outre ces seize dents, savoir, douze incisives et quatre canines, ils ont encore vingt-huit dents mâchelières; ce qui fait en tout quarante-quatre dents. Le sanglier a les défenses plus grandes, le boutoir plus fort, et la hure plus longue, que le cochon domestique; il a aussi les pieds plus gros, les pinces plus séparées, et le poil toujours noir.

De tous les quadrupèdes, le cochon paraît être l'animal le plus brut : les imperfections de la forme semblent influer sur le naturel; toutes ses habitudes sont grossières, tous ses goûts sont immondes; toutes ses sensations se réduisent à une luxure furieuse et à une gourmandise brutale, qui lui fait dévorer indistinctement tout ce qui se présente, et même sa progéniture au moment qu'elle vient de naître. Sa voracité dépend apparemment du besoin continuel qu'il a de remplir la grande capacité de son estomac, et la grossièreté de ses appétits, de l'hébétation des sens du goût et du toucher. La rudesse du poil, la dureté de la peau, l'épaisseur de la graisse, rendent ces animaux peu sensibles aux coups : l'on a vu des souris se loger sur leur dos, et leur manger le lard et la peau, sans qu'ils parussent le sentir. Ils ont donc le toucher fort obtus, et le goût aussi grossier que le toucher : leurs autres sens sont bons; les chasseurs n'ignorent pas que les sangliers voient, entendent et sentent de fort loin, puisqu'ils sont obligés, pour les surprendre, de les attendre en silence pendant la nuit, et de se placer au-dessous du vent pour dérober à leur odorat les émanations qui les frappent de loin, et toujours assez vivement pour leur faire sur-le-champ rebrousser chemin.

Cette imperfection dans les sens du goût et du toucher est encore augmentée par une maladie qui les rend ladres, c'est-à-dire presque absolument insensibles, et de laquelle il faut peut-être moins chercher la première origine dans la texture de la chair ou de la peau de cet animal, que dans sa malpropreté naturelle, et dans la corruption qui doit résulter des nourritures infectes dont il se remplit quelquefois ; car le sanglier, qui n'a point de pareilles ordures à dévorer, et qui vit ordinairement de grains, de fruits, de glands, et de racines, n'est point sujet à cette maladie, non plus que le jeune cochon pendant qu'il tette : on ne la prévient même qu'en tenant le cochon domestique dans une étable propre, et en lui donnant abondamment des nourritures saines. Sa chair deviendra même excellente au goût, et le lard ferme et cassant, si, comme je l'ai vu pratiquer, on le tient pendant quinze jours ou trois semaines, avant de le tuer, dans une étable pavée et toujours propre, sans litière, en ne lui donnant alors pour toute nourriture que du grain de froment pur et sec, et ne le laissant boire que très-peu. On choisit pour cela un jeune cochon d'un an, en bonne chair et à moitié gras.

La manière ordinaire de les engraisser est de leur donner abondamment de l'orge, du gland, des choux, des légumes cuits, et beaucoup d'eau mêlée de son : en deux mois ils sont gras : le lard est abondant et épais, mais sans être ferme ni blanc ; et la chair quoique bonne, est toujours un peu fade. On peut encore les engraisser avec moins de dépense dans les campagnes où il y a beaucoup de glands, en les menant dans les forêts pendant l'automne, lorsque les glands tombent, et que la châtaigne et la faine quittent leurs enveloppes. Ils mangent également de tous les fruits sauvages, et ils engraissent en peu de temps, surtout si le soir, à leur retour, on leur donne de l'eau tiède mêlée d'un peu de son et de farine d'ivraie ; cette boisson les fait dormir, et augmente tellement leur embonpoint, qu'on en a vu ne pouvoir plus marcher ni presque se remuer. Ils engraissent aussi beaucoup plus promptement en automne dans le temps des premiers froids, tant à cause de l'abondance des nourritures, que parce qu'alors la transpiration est moindre qu'en été.

La durée de la vie d'un sanglier peut s'étendre jusqu'à vingt-cinq ou trente ans. Aristote dit vingt ans pour les cochons en général, et il ajoute que les mâles engendrent et que les femelles produisent jusqu'à qui..ze Ils peuvent s'accoupler dès l'âge de neuf mois ou d'un an ; mais il vaut mieux attendre qu'ils aient dix-huit mois ou deux ans.

Ces animaux aiment beaucoup les vers de terre et certaines racines, comme celles de la carotte sauvage : c'est pour trouver ces vers et couper ces racines qu'ils fouillent la terre avec leur boutoir. Le sanglier, dont la hure est plus longue et plus forte que celle du cochon, fouille plus profondément; il fouille presque toujours en ligne droite dans le même sillon, au lieu que le cochon fouille çà et là, et plus légèrement. Comme il fait beaucoup de dégât, il faut l'éloigner des terrains cultivés, et ne le mener que dans les bois et sur les terres qu'on laisse reposer.

On appelle, en termes de chasse, *bêtes de compagnie* les sangliers qui n'ont pas passé trois ans, parce que jusqu'à cet âge ils ne se séparent pas les uns des autres, et qu'ils suivent tous leur mère commune : ils ne vont seuls que quand ils sont assez forts pour ne plus craindre les loups. Ces animaux forment donc d'eux-mêmes des espèces de troupes, et c'est de là que dépend leur sûreté : lorsqu'ils sont attaqués, ils résistent par le nombre, ils se secourent, se défendent ; les plus gros font face en se pressant en rond les uns contre les autres, et en mettant les plus petits au centre. Les cochons domestiques se défendent aussi de la même manière, et l'on n'a pas besoin de chiens pour les garder; mais, comme ils sont indociles et durs, un homme agile et robuste n'en peut guère conduire que cinquante. En automne et en hiver, on les mène dans les forêts, où les fruits sauvages sont abondants ; l'été, on les conduit dans les lieux humides et marécageux, où ils trouvent des vers et des racines en quantité; et au printemps, on les laisse aller dans les champs et sur les terres en friche. On les fait sortir deux fois par jour, depuis le mois de mars jusqu'au mois d'octobre; on les laisse paître depuis le matin, après que la rosée est dissipée, jusqu'à dix heures, et depuis deux heures après-midi jusqu'au soir. En hiver, on ne les mène qu'une fois par jour dans les beaux temps : la rosée, la neige, et la pluie, leur sont contraires. Lorsqu'il survient un orage ou seulement une pluie fort abondante, il est assez ordinaire de les voir déserter les uns après les autres, et s'enfuir en courant et toujours criant jusqu'à la porte de leur étable; les plus jeunes sont ceux qui crient le plus et le plus haut : ce cri est différent de leur grognement ordinaire, c'est un cri de douleur semblable aux premiers cris qu'ils jettent lorsqu'on les garrotte pour les égorger. Le mâle crie moins que la femelle. Il est rare d'entendre le sanglier jeter un cri, si ce n'est lorsqu'il se bat et qu'un autre le blesse; la laie crie plus souvent ; et quand ils sont surpris et effrayés subitement, ils soufflent avec tant de violence qu'on les entend à une grande distance.

Quoique ces animaux soient fort gourmands, ils n'attaquent ni ne dévorent pas, comme les loups, les autres animaux; cependant ils mangent quelquefois de la chair corrompue : on a vu des sangliers manger de la chair de cheval, et nous avons trouvé dans leur estomac de la peau de chevreuil et des pattes d'oiseau; mais c'est peut-être plutôt nécessité qu'instinct. Cependant on ne peut nier qu'ils ne soient avides de sang et de chair sanguinolente et fraîche, puisque les cochons mangent leurs petits, et même des enfants au berceau : dès qu'ils trouvent quelque chose de succulent, d'humide, de gras, et d'onctueux, ils le lèchent, et finissent bientôt par l'avaler. J'ai vu plusieurs fois un troupeau entier de ces animaux s'arrêter, à leur retour des champs, autour d'un monceau de terre glaise nouvellement tirée; tous léchaient cette terre, qui n'était que très-légèrement onctueuse, et quelques-uns en avalaient une assez grande quantité. Leur gourmandise est, comme l'on voit, aussi grossière que leur naturel est brutal : ils n'ont aucun sentiment bien distinct; les petits reconnaissent à peine leur mère, ou du moins sont fort sujets à se méprendre, et à téter la première truie qui leur laisse saisir ses mamelles. La crainte et la nécessité donnent apparemment un peu plus de sentiment et d'instinct aux cochons sauvages; il semble que les petits soient fidèlement attachés

6.

à leur mère, qui paraît être aussi plus attentive à leurs besoins que ne l'est la truie domestique. Dans le temps du rut, le mâle cherche, suit la femelle, et demeure ordinairement trente jours avec elle dans les bois les plus épais, les plus solitaires, et les plus reculés. Il est alors plus farouche que jamais, et il devient même furieux lorsqu'un autre mâle veut occuper sa place ; ils se battent, et se blessent quelquefois. Pour la laie, elle ne devient furieuse que quand on attaque ses petits ; et en général, dans presque tous les animaux sauvages, le mâle devient plus ou moins féroce lorsqu'il cherche à s'accoupler, et la femelle lorsqu'elle a mis bas.

On chasse le sanglier à force ouverte, avec des chiens, ou bien on le tue par surprise pendant la nuit, au clair de la lune : comme il ne fuit que lentement, qu'il laisse une odeur très-forte, qu'il se défend contre les chiens et les blesse toujours dangereusement, il ne faut pas le chasser avec les bons chiens courants destinés pour le cerf et le chevreuil; cette chasse leur gâterait le nez, et les accoutumerait à aller lentement : des mâtins un peu dressés suffisent pour la chasse du sanglier. Il ne faut attaquer que les plus vieux; on les connaît aisément aux traces : un jeune sanglier de trois ans est difficile à forcer, parce qu'il court très-loin sans s'arrêter; au lieu qu'un sanglier plus âgé ne fuit pas loin, se laisse chasser de près, n'a pas grand peur des chiens, et s'arrête souvent pour leur faire tête. Le jour, il reste ordinairement dans sa bauge, au plus épais et dans le plus fort du bois; le soir, à la nuit, il en sort pour chercher sa nourriture : en été, lorsque les grains sont mûrs, il est assez facile de le surprendre dans les blés et dans les avoines, qu'il fréquente toutes les nuits. Au reste, il n'y a que la hure qui soit bonne dans un vieux sanglier; au lieu que toute la chair du marcassin, et celle du jeune sanglier qui n'a pas encore un an, est délicate et même assez fine. Celle du verrat, ou cochon domestique mâle, est encore plus mauvaise que celle du sanglier; ce n'est que par la castration et l'engrais qu'on la rend bonne à manger. Les anciens étaient dans l'usage de faire la castration aux jeunes marcassins qu'on pouvait enlever à leur mère, après quoi on les reportait dans les bois : ces sangliers coupés grossissent beaucoup plus que les autres, et leur chair est meilleure que celle des cochons domestiques.

Pour peu qu'on ait habité la campagne, on n'ignore pas les profits qu'on tire du cochon : sa chair se vend à peu près autant que celle du bœuf ; le lard se vend au double, et même au triple ; le sang, les boyaux, les viscères, les pieds, la langue, se préparent et se mangent. Le fumier du cochon est plus froid que celui des autres animaux, et l'on ne doit s'en servir que pour les terres trop chaudes et trop sèches. La graisse des intestins et de l'épiploon, qui est différente du lard, fait le saindoux et le vieux oing. La peau a ses usages : on en fait des cribles, comme l'on fait aussi des vergettes, des brosses, des pinceaux avec les soies. La chair de cet animal prend mieux le sel, le salpêtre, et se conserve salée plus longtemps qu'aucune autre.

Cette espèce, quoique abondante et fort répandue en Europe, en Asie, et en Afrique, ne s'est point trouvée dans le continent du nouveau monde ; elle y a été transportée par les Espagnols, qui ont jeté des cochons noirs dans le continent et dans presque toutes les grandes îles de l'Amérique où ils se sont multipliés, et sont devenus sauvages en beaucoup d'endroits : ils ressemblent à nos sangliers ; ils ont le corps plus court, la hure plus grosse, et la peau plus épaisse que les cochons domestiques, qui, dans les climats chauds, sont tous noirs comme des sangliers.

Par un de ces préjugés ridicules que la seule superstition peut faire subsister, les mahométans sont privés de cet animal utile : on leur a dit qu'il était immonde ; il n'osent donc ni le toucher, ni s'en nourrir. Les Chinois, au contraire, ont beaucoup de goût pour la chair du cochon ; ils en élèvent de nombreux troupeaux ; c'est leur nourriture la plus ordinaire, et c'est ce qui les a empêchés, dit-on, de recevoir la loi de Mahomet. Ces cochons de la Chine, qui sont aussi de Siam et de l'Inde, sont un

peu différents de ceux d'Europe; ils sont plus petits, ils
ont les jambes beaucoup plus courtes; leur chair est plus
blanche et plus délicate; on les connaît en France, et
quelques personnes en élèvent; ils se mêlent et produisent avec les cochons de la race commune. Les nègres
élèvent aussi une grande quantité de cochons; et, quoi
qu'il y en ait peu chez les Maures et dans tous
les pays habités par les mahométans, on trouve en Afrique et en Asie des sangliers aussi abondamment qu'en
Europe.

Ces animaux n'affectent donc point de climat particulier, seulement, il paraît que dans les pays froids le
sanglier, en devenant animal domestique, a plus dégénéré que dans les pays chauds. Un degré de température
de plus suffit pour changer leur couleur : les cochons
sont communément blancs dans nos provinces septentrionales de la France, et même en Vivarais, tandis que
dans la province du Dauphiné, qui en est très-voisine,
ils sont tous noirs; ceux de Languedoc, de Provence,
d'Espagne, d'Italie, des Indes, de la Chine, et de l'Amérique, sont aussi de la même couleur. Le cochon de Siam
ressemble plus que le cochon de France au sanglier. Un
des signes les plus évidents de la dégénération sont les
oreilles; elles deviennent d'autant plus souples, d'autant
plus molles, plus inclinées, et plus pendantes, que l'animal est plus altéré, ou, si l'on veut, plus adouci par
l'éducation et par l'état de domesticité : et en effet le cochon domestique a les oreilles beaucoup moins roides,
beaucoup plus longues, et plus inclinées, que le sanglier, qu'on doit regarder comme le modèle de l'espèce.

LE CHIEN

La grandeur de la taille, l'élégance de la forme, la force du corps, la liberté des mouvements, toutes les qualités extérieures, ne sont pas ce qu'il y a de plus noble dans un être animé : et comme nous préférons dans l'homme l'esprit à la figure, le courage à la force, les sentiments à la beauté, nous jugeons aussi que les qualités intérieures sont ce qu'il y a de plus relevé dans l'animal; c'est par elles qu'il diffère de l'automate, qu'il s'élève au-dessus du végétal, et s'approche de nous : c'est le sentiment qui ennoblit son être, qui le régit, qui le vivifie, qui commande aux organes, rend les membres actifs, fait naître le désir, et donne à la matière le mouvement progressif, la volonté, la vie.

La perfection de l'animal dépend donc de la perfection

du sentiment; plus il existe, plus l'animal a de facultés
et de ressources; plus il existe, plus il a de rapports avec
le reste de l'univers : et lorsque le sentiment est délicat,
exquis, lorsqu'il peut encore être perfectionné par l'éducation, l'animal devient digne d'entrer en société avec
l'homme; il sait concourir à ses desseins, veiller à sa
sûreté, l'aider, le défendre, le flatter; il sait, par des services assidus, par des caresses réitérées, se concilier
son maître, le captiver, et de son tyran se faire un
protecteur.

Le chien, indépendamment de la beauté de sa forme,
de la vivacité, de la force, de la légèreté, a par excellence
toutes les qualités intérieures qui peuvent lui attirer le
regards de l'homme. Un naturel ardent, colère, même
féroce et sanguinaire, rend le chien sauvage redoutable
à tous les animaux, et cède dans le chien domestique aux
sentiments les plus doux, au plaisir de s'attacher, et au
désir de plaire; il vient en rampant mettre aux pieds de
son maître son courage, sa force, ses talents; il attend
ses ordres pour en faire usage; il le consulte, il l'inter-
roge, il le supplie; un coup d'œil suffit, il entend les
signes de sa volonté. Sans avoir, comme l'homme, la
lumière de la pensée, il a toute la chaleur du sentiment;
il a de plus que lui la fidélité, la constance dans ses
affections : nulle ambition, nul intérêt, nul désir de ven-
geance, nulle crainte que celle de déplaire, il est tout
zèle, tout ardeur, et tout obéissance. Plus sensible au
souvenir des bienfaits qu'à celui des outrages, il ne se
rebute pas par les mauvais traitements; il les subit, les
oublie, ou ne s'en souvient que pour s'attacher davantage :
loin de s'irriter ou de fuir, il s'expose de lui-même à de
nouvelles épreuves; il lèche cette main, instrument de
douleur, qui vient de frapper; il ne lui oppose que la
plainte, et la désarme enfin par la patience et la soumission.

Plus docile que l'homme, plus souple qu'aucun des
animaux, non-seulement le chien s'instruit en peu de
temps, mais même il se conforme aux mouvements, aux
manières, à toutes les habitudes de ceux qui lui com-

mandent : il prend le ton de la maison qu'il habite : comme les autres domestiques, il est dédaigneux chez les grands, et rustre à la campagne. Toujours empressé pour son maître et prévenant pour ses seuls amis, il ne fait aucune attention aux gens indifférents, et se déclare contre ceux qui par état ne sont faits que pour importuner ; il les connaît aux vêtements, à la voix, à leurs gestes, et les empêche d'approcher. Lorsqu'on lui a confié pendant la nuit la garde de la maison, il devient plus fier, et quelquefois féroce ; il veille, il fait la ronde ; il sent de loin les étrangers ; et, pour peu qu'ils s'arrêtent ou tentent de franchir les barrières, s'élance, s'oppose, et, par des aboiements réitérés, des efforts, et des cris de colère, il donne l'alarme, avertit, et combat : aussi furieux contre les hommes de proie que contre les animaux carnassiers, il se précipite sur eux, les blesse, les déchire, leur ôte ce qu'ils s'efforçaient d'enlever, mais, content d'avoir vaincu, il se repose sur les dépouilles, n'y touche pas, même pour satisfaire son appétit, et donne en même temps des exemples de courage, de tempérance, et de fidélité.

On sentira de quelle importance cette espèce est dans l'ordre de la nature, en supposant un instant qu'elle n'eût jamais existé. Comment l'homme aurait-il pu, sans le secours du chien, conquérir, dompter, réduire en esclavage les autres animaux ? comment pourrait-il encore aujourd'hui découvrir, chasser, détruire les bêtes sauvages et nuisibles ? Pour se mettre en sûreté, et pour se rendre maître de l'univers vivant, il a fallu commencer par se faire un parti parmi les animaux, se concilier avec douceur et par caresses ceux qui se sont trouvés capables de s'attacher et d'obéir, afin de les opposer aux autres. Le premier art de l'homme a donc été l'éducation du chien, et le fruit de cet art la conquête et la possession paisible de la terre.

La plupart des animaux ont plus d'agileté, plus de vitesse, plus de force, et même plus de courage que l'homme : la nature les a mieux munis, mieux armés. Ils ont aussi les sens, et surtout l'odorat plus parfaits.

Avoir gagné une espèce courageuse et docile comme celle
du chien, c'est avoir acquis de nouveaux sens et les
facultés qui nous manquent. Les machines, les instru-
ments que nous avons imaginés pour perfectionner nos
autres sens, pour en augmenter l'étendue, n'approchent
pas, même pour l'utilité, de ces machines toutes faites
que la nature nous présente, et qui, en suppléant à
l'imperfection de notre odorat, nous ont fourni de grands
et d'éternels moyens, de vaincre et de régner : et le
chien, fidèle à l'homme, conservera toujours une portion
de l'empire, un degré de supériorité sur les autres animaux ; il leur commande, il règne lui-même à la tête
d'un troupeau ; il s'y fait mieux entendre que la voix du
berger : la sûreté, l'ordre, et la discipline, sont les fruits
de sa vigilance et de son activité ; c'est un peuple qui lui
est soumis, et qu'il conduit, qu'il protège, et contre
lequel il n'emploie jamais la force que pour y maintenir la paix. Mais c'est surtout à la guerre, c'est
contre les animaux ennemis ou indépendants qu'é-
clate son courage, et que son intelligence se déploie tout
entière : les talents naturels se réunissent ici au qualités
acquises. Dès que le bruit des armes se fait entendre,
dès que le son du cor ou la voix du chasseur a donné le
signal d'une guerre prochaine, brillant d'une ardeur
nouvelle, le chien marque sa joie par les plus vifs trans-
ports ; il annonce, par ses mouvements et par ses cris,
l'impatience de combattre et le désir de vaincre : marchant ensuite en silence, il cherche à reconnaître le
pays, à découvrir, à surprendre l'ennemi dans son fort ;
il recherche ses traces, il les suit pas à pas, et, par des
accents différents, indique le temps la distance, l'espèce,
et même l'âge de celui qu'il poursuit.

Intimidé, pressé, désespérant de trouver son salut
dans la fuite, l'animal se sert aussi de toutes ses facultés :
il oppose la ruse à la sagacité. Jamais les ressources de
l'instinct ne furent plus admirables : pour faire perdre sa
trace, il va, vient, et revient sur ses pas ; il fait des
bonds, il voudrait se détacher de la terre et supprimer
les espaces : il franchit d'un saut les routes, les haies ;
passe à la nage les ruisseaux, les rivières : mais toujours

poursuivi, et ne pouvant anéantir son corps, il cherche
à en mettre un autre à sa place, il va lui-même troubler
le repos d'un voisin plus jeune et moins expérimenté, le
faire lever, marcher, fuir avec lui ; et lorsqu'ils ont con-
fondu leurs traces, lorsqu'il croit l'avoir substitué à sa
mauvaise fortune, il le quitte plus brusquement encore
qu'il ne l'a joint, afin de le rendre seul l'objet et la vic-
time de l'ennemi trompé.

Mais le chien, par une supériorité que donnent l'exercice et l'éducation, par cette finesse de sentiment qui
n'appartient qu'à lui, ne perd pas l'objet de sa poursuite :
il démêle les points communs, délie les nœuds du fil
tortueux qui seul peut y conduire ; il voit de l'odorat tous
les détours du labyrinthe, toutes les fausses routes où
l'on a voulu l'égarer ; et, loin d'abandonner l'ennemi
pour un indifférent, après avoir triomphé de la ruse, il
s'indigne, il redouble d'ardeur, arrive enfin, l'attaque,
et, le mettant à mort, étanche dans le sang sa soif et sa
haine.

Le penchant pour la chasse ou la guerre nous est commun avec les animaux : l'homme sauvage ne sait que
combattre et chasser. Tous les animaux qui aiment la
chair, et qui ont de la force et des armes, chassent naturellement. Le lion, le tigre, dont la force est si grande
qu'ils sont sûrs de vaincre, chassent seuls et sans art ;
les loups, les renards, les chiens sauvages, se réunissent,
s'entendent, s'aident, se relayent, et partagent la proie :
et lorsque l'éducation a perfectionné ce talent naturel
dans le chien domestique, lorsqu'on lui a appris à répri-
mer son ardeur, à mesurer ses mouvements, qu'on l'a
accoutumé à une marche régulière et à l'espèce de discipline nécessaire à cet art, il chasse avec méthode, et toujours avec succès.

Dans les pays déserts, dans les contrées dépeuplées,
il y a des chiens sauvages qui, pour les mœurs, ne diffèrent des loups que par la facilité qu'on trouve à les apprivoiser ; ils se réunissent aussi en plus grandes troupes pour chasser et attaquer en force les sangliers, les
taureaux sauvages, et même les lions et les tigres. En

Amérique, ces chiens sauvages sont des races anciennement domestiques ; ils y ont été transportés d'Europe, et quelques-uns, ayant été oubliés ou abandonnés dans ces déserts, s'y sont multipliés au point qu'ils se répandent par troupes dans les contrées habitées, où ils attaquent le bétail et insultent même les hommes. On est donc obligés de les écarter par la force, et de les tuer comme les autres bêtes féroces ; et les chiens sont tels en effet tant qu'ils ne connaissent pas les hommes : mais lorsqu'on les approche avec douceur, ils s'adoucissent, deviennent bientôt familiers, et demeurent fidèlement attachés à leurs maîtres : au lieu que le loup, quoique pris jeune et élevé dans les maisons, n'est doux que dans le premier âge, ne perd jamais son goût pour la proie, et se livre tôt ou tard à son penchant pour la rapine et la destruction.

L'on peut dire que le chien est le seul animal dont la fidélité soit à l'épreuve ; le seul qui connaisse toujours son maître et les amis de la maison ; le seul qui, lorsqu'il arrive un inconnu, s'en aperçoive ; le seul qui entende son nom, et qui reconnaisse la voix domestique ; le seul qui, lorsqu'il a perdu son maître et qu'il ne peut le trouver, l'appelle par ses gémissements ; le seul qui, dans un voyage long qu'il n'aura fait qu'une fois, se souvienne du chemin et retrouve la route ; le seul enfin dont les talents naturels soient évidents et l'éducation toujours heureuse.

Et de même que de tous les animaux le chien est celui dont le naturel est le plus susceptible d'impression, et se modifie le plus aisément par les causes morales, il est aussi de tous celui dont la nature est le plus sujette aux variétés et aux altérations causées par les influences physiques : le tempérament, les facultés, les habitudes du corps, varient prodigieusement ; la forme même n'est pas constante : dans le même pays un chien est très-différent d'un autre chien, et l'espèce est pour ainsi dire toute différente d'elle-même dans les différents climats. De là cette confusion, ce mélange, et cette variété de races si nombreuses, qu'on ne peut en faire l'énumération ;

Ce là ces différences si marquées pour la grandeur de la
taille, la figure du corps, l'allongement du museau, la
forme de la tête, la longueur et la direction des oreilles
et de la queue, la couleur, la qualité, la quantité du
poil, etc.; en sorte qu'il ne reste rien de constant, rien
de commun à ces animaux que la conformité de l'organisation intérieure, et la faculté de pouvoir tous produire ensemble : et comme ceux qui diffèrent le plus les
uns des autres à tous égards ne laissent pas de produire
des individus qui peuvent se perpétuer en produisant
eux-mêmes d'autres individus, il est évident que tous
les chiens, quelque différents, quelque variés qu'ils
soient, ne font qu'une seule et même espèce.

Mais ce qui est difficile à saisir dans cette nombreuse
variété des races différentes, c'est le caractère de la race
primitive, de la race originaire, de la race mère de toutes les autres races : comment reconnaître les effets produits par l'influence du climat, de la nourriture, etc.?
comment les distinguer encore des autres effets, ou plutôt des résultats qui proviennent du mélange de ces différentes races entre elles, dans l'état de liberté ou de domesticité? En effet, toutes ces causes altèrent avec le
temps les formes les plus constantes, et l'empreinte de
la nature ne conserve pas toute sa pureté dans les objets
que l'homme a beaucoup maniés. Les animaux assez
indépendants pour choisir eux-mêmes leur climat et leur
nourriture sont ceux qui conservent le mieux cette empreinte originaire; et l'on peut croire que, dans ces espèces, le premier, le plus ancien de tous, nous est encore
aujourd'hui assez fidèlement représenté par ses descendants : mais ceux que l'homme s'est soumis, ceux qu'il a
transportés de climats en climats, ceux dont il a changé
la nourriture, les habitudes, et la manière de vivre, ont
aussi dû changer pour la forme plus que tous les autres;
et l'on trouve en effet bien plus de variétés dans les espèces d'animaux domestiques que dans celles des animaux
sauvages : et comme, parmi les animaux domestiques,
le chien est de tous celui qui s'est attaché à l'homme de
plus près; celui qui, vivant comme l'homme, vit aussi
le plus irrégulièrement; celui dans lequel le sentiment

domine assez pour le rendre docile, obéissant, et susceptible de toute impression et même de toute contrainte, il
n'est pas étonnant que de tous les animaux ce soit aussi
celui dans lequel on trouve les plus grandes variétés
pour la figure, pour la taille, pour la couleur, et pour les
autres qualités.

Quelques circonstances concourent encore à cette altération. Le chien vit assez peu de temps, il produit souvent et en assez grand nombre; et comme il est perpétuellement sous les yeux de l'homme, dès que, par un
hasard assez ordinaire à la nature, il se sera trouvé
dans quelques individus des singularités ou des variétés
apparentes, on aura tâché de les perpétuer en unissant
ensemble ces individus singuliers, comme on le fait
encore aujourd'hui lorsqu'on veut se procurer de nouvelles races de chiens et d'autres animaux. D'ailleurs,
quoique toutes les espèces soient également anciennes,
le nombre des générations, depuis la création, étant
beaucoup plus grand dans les espèces dont les individus ne vivent que peu de temps, les variétés, les altérations, la dégénération même, doivent en être devenues
plus sensibles, puisque ces animaux sont plus loin de
leur souche que ceux qui vivent plus longtemps. L'homme est aujourd'hui huit fois plus près d'Adam que le
chien ne l'est du premier chien, puisque l'homme vit
quatre-vingts ans, et que le chien n'en vit que dix. Si
donc, par quelque cause que ce puisse être, ces deux
espèces tendaient également à dégénérer, cette altération
serait aujourd'hui huit fois plus marquée dans le chien
que dans l'homme.

Les petits animaux éphémères, ceux dont la vie est si
courte qu'ils se renouvellent tous les ans par la génération, sont infiniment plus sujets que les autres animaux
aux variétés et aux altérations de tout genre. Il en est de
mêmes des plantes annuelles en comparaison des autres
végétaux; et il y en a même dont la nature est pour ainsi
dire artificielle et factice. Le blé, par exemple, est une
plante que l'homme a changé au point qu'elle n'existe
nulle part dans l'état de nature : on voit bien qu'il a

quelque rapport avec l'ivraie, avec les gramens, les chien-
dents, et quelques autres herbes des prairies ; mais on
ignore à laquelle de ces herbes on doit le rapporter : et
comme il se renouvelle tous les ans, et que, servant de
nourriture à l'homme, il est de toutes les plantes celle
qu'il a le plus travaillée, il est aussi de toutes celle dont
la nature est le plus altérée. L'homme peut donc non-
seulement faire servir à ses besoins, à son usage, tous
les individus de l'univers, mais il peut encore, avec le
temps, changer, modifier, et perfectionner les espèces :
c'est même le plus beau droit qu'il ait sur la nature.
Avoir transformé une herbe stérile en blé est une espèce
de création dont cependant il ne doit pas s'enorgueillir,
puisque ce n'est qu'à la sueur de son front et par des
cultures réitérées qu'il peut tirer du sein de la terre ce
pain souvent amer qui fait sa subsistance.

Les espèces que l'homme a beaucoup travaillées, tant
dans les végétaux que dans les animaux, sont donc celles qui de toutes sont les plus altérées ; et comme quelquefois elles le sont au point qu'on ne peut reconnaître
leur forme primitive, comme dans le blé, qui ne ressemble plus à la plante dont il a tiré son origine, il ne serait
pas impossible que, dans la nombreuse variété des chiens
que nous voyons aujourd'hui, il n'y en eût pas un seul de
semblable au premier chien, ou plutôt au premier animal de cette espèce, qui s'est peut-être beaucoup altérée
depuis la création, et dont la souche a pu par conséquent
être très-différente des races qui subsistent actuellement,
quoique ces races en soient originairement toutes également provenues.

La nature cependant ne manque jamais de reprendre
ses droits dès qu'on la laisse agir en liberté. Le froment
jeté sur une terre inculte dégénère à la première année :
si l'on recueillait ce grain dégénéré pour le jeter de
même, le produit de cette seconde génération serait encore plus altéré, et au bout d'un certain nombre d'années et de productions l'homme verrait reparaître la
plante originaire du froment, et saurait combien il faut
de temps à la nature pour détruire le produit d'un art

qui la contraint, et pour se réhabiliter. Cette expérience serait assez facile à faire sur le blé et sur les autres plantes qui tous les ans se reproduisent pour ainsi dire d'elles-mêmes dans le même lieu ; mais il ne serait guère possible de la tenter avec quelque espérance de succès, sur les animaux qu'il faut rechercher, appareiller, unir, et qui sont difficiles à manier, parce qu'ils nous échappent tous plus ou moins par leur mouvement et par la répugnance invincible qu'ils ont pour les choses qui sont contraires à leurs habitudes ou à leur naturel. On ne peut donc pas espérer de savoir jamais par cette voie quelle est la race primitive des chiens, non plus que celle des autres animaux qui, comme le chien, sont sujets à des variétés permanentes ; mais au défaut de ces connaissances de faits qu'on ne peut acquérir, et qui cependant seraient nécessaires pour arriver à la vérité, on peut rassembler des indices et en tirer des conséquences vraisemblables.

Les chiens qui ont été abandonnés dans les solitudes de l'Amérique, et qui vivent en chiens sauvages depuis cent cinquante ou deux cents ans, quoique originaires de races altérées puisqu'ils sont provenus des chiens domestiques, ont dû, pendant ce long espace de temps, se rapprocher, au moins en partie, de leur forme primitive. Cependant les voyageurs nous disent qu'ils ressemblent à nos lévriers ; ils disent la même chose des chiens sauvages ou devenus sauvages au Congo, qui, comme ceux d'Amérique, se rassemblent par troupes pour faire la guerre aux tigres, aux lions, etc. Mais d'autres, sans comparer les chiens sauvages de Saint-Domingue aux lévriers, disent seulement qu'ils ont pour l'ordinaire la tête plate et longue, le museau effilé, l'air sauvage, le corps mince et décharné ; qu'ils sont tres-légers à la course ; qu'ils chassent en perfection ; qu'ils s'apprivoisent aisément, en les prenant tout petits.

On peut donc déjà présumer avec quelque vraisemblance que le chien de berger est de tous les chiens celui qui approche le plus de la race primitive de cette espèce, puisque dans tous les pays habités par des hommes sau-

vages, ou même à demi-civilisés, les chiens ressemblent
à cette sorte de chiens plus qu'à aucune autre; que dans
le continent entier du nouveau monde il n'y en avait pas
d'autres; qu'on les retrouve seuls de même au nord et
au midi de notre continent; et qu'en France, où on les
appelle communément *chiens de Brie*, et dans les autres
climats tempérés, ils sont encore en grand nombre,
quoiqu'on se soit beaucoup plus occupé à faire naître
ou multiplier les autres races qui avaient plus d'agré-
ments, qu'à conserver celle-ci, qui n'a que de l'utilité, et
qu'on a par cette raison dédaignée, et abandonnée aux
paysans chargés du soin des troupeaux. Si l'on considère
aussi que ce chien, malgré sa laideur et son air triste et
sauvage, est cependant supérieur par l'instinct à tous les
autres chiens; qu'il a un caractère décidé auquel l'éducation n'a point de part; qu'il est seul qui naisse pour
ainsi dire tout élevé, et que, guidé par le seul naturel, il
s'attache de lui-même à la garde des troupeaux avec une
assiduité, une vigilance, une fidélité singulières, qu'il
les conduit avec une intelligence admirable et non com-
muniquée; que ses talents font l'étonnement et le repos
de son maître, tandis qu'il faut au contraire beaucoup
de temps et de peines pour instruire les autres chiens, et
les dresser aux usages auxquels on les destine; on se
confirmera dans l'opinion que ce chien est le vrai chien
de la nature, celui qu'elle nous a donné pour la plus
grande utilité, celui qui a le plus de rapport avec l'ordre
général des êtres vivants, qui ont mutuellement besoin
les uns des autres; celui enfin qu'on doit regarder
comme la souche et le modèle de l'espèce entière.

Et de même que l'espèce humaine paraît agreste, con-
trefaite et rapetissée dans les climats glacés du Nord;
qu'on ne trouve d'abord que de petits hommes fort laids
en Laponie, en Groenland, et dans tous les pays où le
froid est excessif, mais qu'ensuite dans le climat voisin
et moins rigoureux on voit tout à coup paraître la belle
race des Finlandais, des Danois, etc., qui par leur figure,
leur couleur, et leur grande taille, sont peut-être les
plus beaux de tous les hommes; on trouve aussi dans
l'espèce des chiens le même ordre et les mêmes rapports.

Les chiens de Laponie sont très-laids, très-petits, et n'ont pas plus d'un pied de longueur. Ceux de Sibérie, quoique moins laids, ont encore les oreilles droites, l'air agreste et sauvage, tandis que dans le climat voisin, où l'on trouve les beaux hommes dont nous venons de parler, on trouve aussi les chiens de la plus belle et de la plus grande taille. Les chiens de Tartarie, d'Albanie, du nord de la Grèce, du Danemark, de l'Irlande, sont les plus grands, les plus forts et les plus puissants de tous les chiens : on s'en sert pour tirer des voitures. Ces chiens que nous appelons *chiens d'Irlande*, ont une origine très-ancienne, et se sont maintenus, quoique en petit nombre, dans le climat dont ils sont originaires. Les anciens les appelaient chiens d'Epire, chiens d'Albanie; et Pline rapporte, en termes aussi élégants qu'énergiques, le combat d'un de ces chiens contre un lion, et ensuite contre un éléphant. Ces chiens sont beaucoup plus grands que nos plus grands mâtins. Comme ils sont fort rares en France, je n'en ai jamais vu qu'un, qui me parut avoir, tout assis, près de cinq pieds de hauteur, et ressembler pour la forme au chien que nous appelons *grand danois*; mais il en différait beaucoup par l'énormité de sa taille : il était tout blanc, et d'un naturel doux et tranquille. On trouve ensuite dans les endroits plus tempérés, comme en Angleterre, en France, en Allemagne, en Espagne, en Italie, des hommes et des chiens de toutes sortes de races. Cette variété provient en partie de l'influence du climat, et en partie du concours et du mélange des races étrangères ou différentes entre elles, qui ont produit en très-grand nombre des races métives ou mélangées dont nous ne parlerons point ici, parce que M. Daubenton les a décrites et rapportées chacune aux races pures dont elles proviennent; mais nous observerons, autant qu'il nous sera possible, les ressemblances et les différences que l'abri, le soin, la nourriture et le climat, ont produites parmi ces animaux.

Le grand danois, le mâtin et le lévrier, quoique différents au premier coup d'œil, ne font cependant que le même chien : le grand danois n'est qu'un mâtin plus

fourni, plus étoffé ; le lévrier, un mâtin plus délié, plus
effilé, et tous deux plus soignés ; et il n'y a pas plus de
différence entre un chien grand danois, un mâtin et un
lévrier, qu'entre un Hollandais, un Français et un Ita-
lien. En supposant donc le mâtin originaire ou plutôt
naturel de France, il aura produit le grand danois dans
un climat plus froid, et le lévrier dans un climat plus
chaud : et c'est ce qui se trouve aussi vérifié par le fait ; car
les grands danois nous viennent du Nord, et les lévriers
nous viennent de Constantinople et du Levant. Le chien
de berger, le chien-loup, l'autre espèce de chien-loup
que nous appellerons chien de Sibérie, ne font aussi
tous trois qu'un même chien : on pourrait même y joindre le chien de Laponie, celui de Canada, celui des
Hottentots, et tous les autres chiens qui ont les oreilles
droites ; ils ne diffèrent en effet du chien de berger que
par la taille, et parce qu'ils sont plus ou moins étoffés,
et que leur poil est plus ou moins rude, plus ou moins
long, et plus ou moins fourni. Le chien courant, le braque, le basset, le barbet, et même l'épagneul, peuvent
encore être regardés comme ne faisant tous qu'un même
chien : leur forme et leur instinct sont à peu près les
mêmes, et ils ne diffèrent entre eux que par la hauteur
des jambes et par l'ampleur des oreilles, qui, dans tous,
sont cependant longues, molles et pendantes. Ces chiens
sont naturels à ce climat, et je ne crois pas qu'on doive
en séparer le braque, qu'on appelle *chien de Bengale*, qui
ne diffère de notre braque que par la robe. Ce qui me
fait penser que ce chien n'est pas originaire du Bengale
ou de quelque autre endroit des Indes, et que ce n'est
pas, comme quelques-uns le prétendent, le chien indien
dont les anciens ont parlé, et qu'ils disaient être engen-
dré d'un tigre et d'une chienne, c'est que ce même chien
était connu en Italie il y a plus de cent cinquante ans,
et qu'on ne l'y regardait pas comme un chien venu des
Indes, mais comme un braque ordinaire : *Canis sagax*
(vulgo *brachus*), dit Aldrovande, *an unius vel varii
coloris sit parum refert ; in Italia eligitur varius et macu-
losæ lynci persimilis, quum tamen niger color vel albus,
aut fulvus, non sit spernendus.*

HISTOIRE DES ANIMAUX.   **7**

L'Angleterre, la France, l'Allemagne, etc., paraissent
avoir produit le chien courant, le braque et le basset ;
ces chiens même dégénèrent dès qu'ils sont portés dans
des climats plus chauds, comme en Turquie, en Perse ;
mais les épagneuls et les barbets sont originaires d'Espagne et de Barbarie, où la température du climat fait
que le poil des animaux est plus long, plus soyeux et
plus fin que dans les autres pays. Le dogue, le chien que
l'on appelle *petit danois* (mais fort improprement, puisqu'il n'a d'autre rapport avec le grand danois que d'avoir
le poil court), le chien turc, et, si l'on veut encore, le
chien d'Islande, ne font aussi qu'un même chien, qui,
transporté dans un climat très-froid comme l'Islande,
aura pris une forte fourrure de poils, et dans les climats
très-chauds de l'Afrique et des Indes aura quitté sa robe ;
car le chien sans poils, appelé *chien turc*, est encore mal
nommé : ce n'est point dans le climat tempéré de la
Turquie que les chiens perdent leur poil ; c'est en Guinée
et dans les climats les plus chauds des Indes que ce
changement arrive, et le chien turc n'est autre chose
qu'un petit danois, qui, transporté dans les pays excessivement chauds, aura perdu son poil, et dont la race
aura ensuite été transportée en Turquie, où l'on aura en
soin de les multiplier. Les premiers que l'on ait vus en
Europe, au rapport d'Aldrovande, furent apportés de son
temps en Italie, où cependant ils ne purent, dit-il, ni
durer ni multiplier, parce que le climat était beaucoup
trop froid pour eux ; mais comme il ne donne pas la
description de ces chiens nus, nous ne savons pas s'ils
étaient semblables à ceux que nous appelons aujourd'hui
chiens turcs, et si l'on peut par conséquent les rapporter
au petit danois ; parce que tous les chiens, de quelque
race et de quelque pays qu'ils soient, perdent leur poil
dans les climats excessivement chauds, et, comme nous
l'avons dit, ils perdent aussi leur voix. Dans de certains
pays ils sont tout à fait muets, dans d'autres ils ne perdent que la faculté d'aboyer : ils hurlent comme les loups,
ou glapissent comme les renards. Ils semblent par cette
altération se rapprocher de leur état de nature ; car ils
changent aussi pour la forme et pour l'instinct : ils deviennent laids, et prennent tous des oreilles droites et

pointues. Ce n'est aussi que dans les climats tempérés
que les chiens conservent leur ardeur, leur sagacité, et
les autres talents qui leur sont naturels. Ils perdent donc
tout lorsqu'on les transporte dans des climats trop
chauds : mais, comme si la nature ne voulait jamais rien
faire d'absolument inutile, il se trouve que, dans ces
mêmes pays où les chiens ne peuvent plus servir à aucun
des usages auxquels nous les employons, on les recherche pour la table, et que les nègres en préfèrent la chair
à celle de tous les autres animaux. On conduit les
chiens au marché pour les vendre, on les achète plus
cher que le mouton, le chevreau, plus cher même que
tout autre gibier; enfin le mets le plus délicieux d'un
festin chez les nègres est un chien rôti. On pourrait
croire que le goût si décidé qu'ont ces peuples pour la
chair de cet animal vient du changement de qualité de
cette même chair, qui, quoique très-mauvaise à manger
dans nos climats tempérés, acquiert peut-être un autre
goût dans ces climats brûlants : mais ce qui me fait
penser que cela dépend plutôt de la nature de l'homme
que de celle du chien, c'est que les sauvages du Canada,
qui habitent un pays froid, ont le même goût que les
nègres pour la chair du chien, et que nos missionnaires
en ont quelquefois mangé sans dégoût : « Les chiens ser-
» vent en guise de mouton, pour être mangés en festin,
» dit le P. Sabard Théodat. Je me suis trouvé diverses
» fois à des festins de chien. J'avoue véritablement que
» du commencement cela me faisait horreur; mais je
» n'en eus pas mangé deux fois, que j'en trouvai la
» chair bonne, et de goût un peu approchant de celle
» du porc (1). »

(1) Buffon, après avoir rendu compte des essais infructueux
qu'il fit pour pour faire accoupler ensemble les espèces du chien
et du loup, et du chien et du renard, rapporte dans de grands détails les résultats obtenus pendant quatre générations de chiens-
mulets nés en France, et provenant de l'accouplement d'un chien
barbet et d'une louve. Il fit propager pendant quatre générations
cette espèce entre elle, sans mélange de chien et de loup, et il
résulta des sujets ayant conservé du loup le hurlement, et parti-
cipant, quant aux mœurs et à la figure, de leur origine commune.

7.

Il y a dans les climats plus chauds que le nôtre une espèce d'animal féroce et cruel, moins différent du chien que ne le sont le renard ou le loup; cet animal, qui s'appelle *adive* ou *chacal*, a été remarqué et assez bien décrit par quelques voyageurs. On en trouve en grand nombre en Asie et en Afrique, aux environs de Trébisonde, autour du mont Caucase, en Mingrélie, en Natolie, en Hyrcanie, en Perse, aux Indes, à Surate, à Goa, à Guzarate, au Bengale, au Congo, en Guinée, et en plusieurs autres endroits : et quoique cet animal soit regardé, par les naturels des pays qu'il habite, comme un chien sauvage, et que son nom même le désigne; comme il est très-douteux qu'il se mêle avec les chiens et qu'il puisse engendrer ou produire avec eux, nous en ferons l'histoire à part, comme nous ferons aussi celle du loup, celle du renard, et celle de tous les animaux qui, ne se mêlant point ensemble, font autant d'espèces distinctes et séparées.

Ce n'est pas que je prétende, d'une manière décisive et absolue, que l'adive et même que le renard et le loup ne se soient jamais, dans aucun temps ni dans aucun climat, mêlés avec les chiens. Les anciens l'assurent assez positivement pour qu'on puisse encore avoir sur cela quelques doutes, malgré les épreuves que je viens de rapporter; et j'avoue qu'il faudrait un plus grand nombre de pareilles épreuves pour acquérir sur ce fait une certitude entière. Aristote, dont je suis très-porté à respecter le témoignage, dit précisément qu'il est rare que les animaux qui sont d'espèces différentes se mêlent ensemble; que cependant il est certain que cela arrive dans les chiens, les renards et les loups; que les chiens indiens proviennent d'une autre bête sauvage semblable, et d'un chien. On pourrait croire que cette bête sauvage, à laquelle il ne donne point de nom, est l'adive.

Nous connaissons trente variétés dans l'espèce du chien, et assurément nous ne les connaissons pas toutes. De ces trente variétés, il y en a dix-sept que l'on doit rapporter à l'influence du climat, savoir : le chien de berger, le chien-loup, le chien de Sibérie, le chien d'Islande et le chien de Laponie ; le matin, les lévriers, le grand danois et le chien d'Irlande; le chien courant, les braques, les bassets, les épagneuls et le barbet ; le petit danois, le chien turc et le dogue : les treize autres, qui sont le chien turc métis, le lévrier à poil de loup, le chien-Bouffe, le chien de Malte ou bichon, le roquet, le dogue de forte race, le doguin ou mopse, le chien de Calabre, le burgos, le chien d'Alicante, le chien-lion, le petit-barbet, et le chien qu'on appelle artois, issois ou quatre-vingts, ne sont que des métis qui proviennent du mélange des premiers, et en rapportant chacun de ces chiens métis aux deux races dont ils sont issus, leur nature est dès lors assez connue. Mais à l'égard des dix-sept premières races, si l'on veut connaître les rapports qu'elles peuvent avoir entre elles, il faut avoir égard à l'instinct, à la forme et à plusieurs autres circonstances. J'ai mis ensemble le chien de berger, le chien-loup, le chien de Sibérie, le chien de Laponie et le chien d'Is-lande, parce qu'ils se ressemblent plus qu'ils ne ressem-blent aux autres par la figure et par le poil, qu'ils ont tous cinq le museau pointu à peu près comme le renard, qu'ils sont les seuls qui aient les oreilles droites, et que leur instinct les porte à suivre et garder les troupeaux. Le mâtin, le lévrier, le grand danois et le chien d'Irlande, ont, outre la ressemblance de la forme et du long mu-seau, le même naturel ; ils aiment à courir, à suivre les chevaux, les équipages : ils ont peu de nez, et chassent plutôt à vue qu'à l'odorat. Les vrais chiens de chasse sont les chiens courants, les braques, les bassets, les épagneuls et les barbets : quoiqu'ils diffèrent un peu par la forme du corps, ils ont cependant tous le museau gros ; et comme leur instinct est le même, on ne peut guère se tromper en les mettant ensemble. L'épagneul, par exemple, a été appelé par quelques naturalistes *canis aviarius terrestris,* et le barbet, *canis aviarius aquaticus*; et en effet, la seule différence qu'il y ait dans le naturel de ces deux chiens, c'est que le barbet, avec son poil louffu, long et frisé, va plus volontiers à l'eau que l'épa-gneul, qui a le poil lisse et moins fourni, ou que les trois autres, qui l'ont trop court et trop clair pour ne pas craindre de se mouiller la peau. Enfin le petit danois et

le chien turc ne peuvent manquer d'aller ensemble, puisqu'il est avéré que le chien turc n'est qu'un petit danois
qui a perdu son poil. Il ne reste que le dogue qui, par
son museau court, semble se rapprocher du petit danois
plus que d'aucun autre chien, mais qui en diffère a tant
d'autres égards, qu'il paraît seul former une variété différente de toutes les autres, tant pour la forme que pour
l'instinct. Il semble aussi affecter un climat particulier :
il vient d'Angleterre, et l'on a peine à en maintenir la
race en France ; les métis qui en proviennent, et qui sont
le dogue de forte race et le doguin, y réussissent mieux.
Tous ces chiens ont le nez si court, qu'ils ont peu d'o-
dorat, et souvent beaucoup d'odeur. Il paraît aussi que
la finesse de l'odorat, dans les chiens, dépend de la grosseur plus que de la longueur du museau, parce que le
lévrier, le mâtin et le grand danois, qui ont le museau
fort allongé, ont beaucoup moins de nez que le chien
courant, le braque et le basset, et même que l'épagneul
et le barbet, qui ont tous, à proportion de leur taille, le
museau moins long, mais plus gros que les premiers.

La plus ou moins grande perfection des sens, qui ne
fait pas dans l'homme une qualité éminente ni même
remarquable, fait dans les animaux tout leur mérite, et
produit comme cause tous les talents dont leur nature
peut être susceptible. Je n'entreprendrai pas de faire ici
l'énumération de toutes les qualités d'un chien de chasse ;
on sait assez combien l'excellence de l'odorat, jointe à
l'éducation, lui donne d'avantages et de supériorité sur
les autres animaux ; mais ces détails n'appartiennent
que de loin à l'histoire naturelle ; et d'ailleurs les ruses
et les moyens, quoique émanés de la simple nature, que
les animaux sauvages mettent en œuvre pour se dérober
à la recherche ou pour éviter la poursuite et les atteintes
des chiens, sont peut-être plus merveilleux que les méthodes les plus fines de l'art de la chasse.

Le chien, lorsqu'il vient de naître, n'est pas encore
entièrement achevé. Dans cette espèce, comme dans
celle de tous les animaux qui produisent en grand nombre, les petits, au moment de leur naissance, ne sont

pas aussi parfaits que dans les animaux qui n'en produisent qu'un ou deux. Les chiens naissent communément avec les yeux fermés : les deux paupières ne sont pas simplement collées, mais adhérentes par une membrane qui se déchire lorsque le muscle de la paupière supérieure est devenu assez fort pour la relever et vaincre cet obstacle; et la plupart des chiens n'ont les yeux ouverts qu'au dixième ou douzième jour. Dans ce même temps, les os du crâne ne sont pas achevés, le corps est bouffi, le museau gonflé, et leur forme n'est pas encore bien dessinée : mais en moins d'un mois ils apprennent à faire usage de tous leurs sens, et prennent ensuite de la force et un prompt accroissement. Au quatrième mois ils perdent quelques-unes de leurs dents, qui, comme dans les autres animaux, sont bientôt remplacées par d'autres qui ne tombent plus. Ils ont tous quarante-deux dents, savoir : six incisives en haut et six en bas, deux canines en haut et deux en bas, quatorze mâchelières en haut et douze en bas : mais cela n'est pas constant ; il se trouve des chiens qui ont plus ou moins de dents mâchelières. Dans ce premier âge, les mâles comme les femelles s'accroupissent un peu pour pisser : ce n'est qu'à neuf ou dix mois que les mâles, et même quelques femelles, commencent à lever la cuisse; et c'est dans ce même temps qu'ils commencent à être en état d'engendrer.

Les chiennes portent neuf semaines, c'est-à-dire soixante-trois jours, quelquefois soixante-deux ou soixante-un, et jamais moins de soixante : elles produisent six, sept, et quelquefois jusqu'à douze petits; celles qui sont de la plus grande et de la plus forte taille produisent en plus grand nombre que les petites, qui souvent ne font que quatre ou cinq, et quelquefois qu'un ou deux petits, surtout dans les premières portées, qui sont toujours moins nombreuses que les autres dans tous les animaux.

La durée de la vie est dans le chien, comme dans les autres animaux, proportionnelle au temps de l'accroissement : il est environ deux ans à croître, il vit aussi sept fois deux ans. L'on peut connaître son âge par les dents, qui, dans la jeunesse, sont blanches, tranchantes, et pointues, et qui, à mesure qu'il vieillit, deviennent noires, mousses et inégales. On le connaît aussi par le poil ; car il blanchit sur le museau, sur le front, et autour des yeux.

Ces animaux, qui, de leur naturel, sont très-vigilants; très-actifs, et qui sont faits pour le plus grand mouvement, deviennent dans nos maisons, par la surcharge de la nourriture, si pesants et si paresseux, qu'ils passent toute leur vie à ronfler, dormir et manger. Ce sommeil presque continuel est accompagné de rêves, et c'est peut-être une douce manière d'exister. Ils sont naturellement voraces ou gourmands, et cependant ils peuvent se passer de nourriture pendant longtemps. Il y a dans les *Mémoires de l'Académie des sciences* l'histoire d'une chienne qui, ayant été oubliée dans une maison de campagne, a vécu quarante jours sans autre nourriture que l'étoffe ou la laine d'un matelas qu'elle avait déchiré. Il paraît que l'eau leur est encore plus nécessaire que la nourriture. Ils boivent souvent et abondamment : on croit même vulgairement que quand ils manquent d'eau pendant longtemps, ils deviennent enragés. Une chose qui leur est particulière, c'est qu'ils paraissent faire des efforts et souffrir toutes les fois qu'ils rendent leurs excréments : ce n'est pas, comme le dit Aristote, parce que les intestins deviennent plus étroits en approchant de l'anus ; il est certain, au contraire, que dans le chien, comme dans les autres animaux, les gros boyaux s'élargissent toujours de plus en plus, et que le rectum est plus large que le colon. La sécheresse du tempérament de cet animal suffit pour produire cet effet, et les étranglements qui se trouvent dans le colon, sont trop loin pour qu'on puisse l'attribuer à la conformation des intestins.

Le chien de berger peut être considéré comme le vrai chien de nature, et la souche commune de toutes les autres races. Ce chien, transporté dans les climats rigoureux du Nord, s'est enlaidi et rapetissé chez les Lapons, et paraît s'être maintenu et même perfectionné en Islande, en Russie, en Sibérie, dont le climat est un peu moins rigoureux, et où les peuples sont un peu plus civilisés. Ces changements sont arrivés par la seule influence de ces climats, qui n'a pas produit une grande altération dans la forme; car tous ces chiens ont les oreilles droites, le poil épais et long, l'air sauvage; et ils n'aboient pas aussi fréquemment ni de la même manière que ceux qui, dans les climats plus favorables, se sont perfectionnés davantage. Le chien d'Islande est le seul qui n'ait pas les oreilles entièrement droites; elles sont un peu pliées par leur extrémité : aussi l'Islande est de tous ces pays du Nord l'un des plus anciennement habités par des hommes à demi civilisés.

Le même chien de berger, transporté dans des climats tempérés et chez des peuples entièrement policés, comme en Angleterre, en France, en Allemagne, aura perdu son air sauvage, ses oreilles droites, son poil rude, épais et long, et sera devenu dogue, chien courant et mâtin, par la seule influence de ces climats. Le mâtin et le dogue ont encore les oreilles en partie droites; elles ne sont qu'à demi-pendantes, et ils ressemblent assez par leurs mœurs et par leur naturel sanguinaire au chien duquel ils tirent leur origine. Le chien courant est celui des trois qui s'en éloigne le plus : les oreilles longues, entièrement pendantes, la douceur, la docilité, et, si on peut le dire, la timidité de ce chien, sont autant de preuves de la grande dégénération, ou, si l'on veut, de la grande perfection qu'a produite une longue domesticité, jointe à une éducation soignée et suivie.

Le chien courant, le braque et le basset ne font qu'une seule et même race de chiens : car l'on a remarqué que dans la même portée il se trouve assez souvent des chiens courants, des braques et des bassets, quoique la lice n'ait été couverte que par l'un de ces trois chiens. J'ai accolé le braque du Bengale au braque commun, parce qu'il n'en diffère en effet que par la robe, qui est mouchetée; et j'ai joint de même le basset à jambes torses au basset ordinaire, parce que le défaut des jambes de ce chien ne vient originairement que d'une maladie semblable au

7..

rachitis, dont quelques individus ont été attaqués, et dont ils ont transmis le résultat, qui est la déformation des os, à leurs descendants.

Le chien courant, transporté en Espagne et en Barbarie, où presque tous les animaux ont le poil fin, long et fourni, sera devenu épagneul et barbet : le grand et le petit épagneul, qui ne différent que par la taille, transportés en Angleterre, ont changé de couleur du blanc au noir, et sont devenus, par l'influence du climat, grand et petit grédins, auxquels on doit joindre le pyrame, qui n'est qu'un grédin noir comme les autres, mais marqué de feu aux quatre pattes, aux yeux et au naseau.

Le mâtin, transporté au Nord, est devenu grand danois, et, transporté au Midi, est devenu lévrier. Les grands lévriers viennent du Levant ; ceux de taille médiocre, d'Italie ; et ces lévriers d'Italie, transportés en Angleterre, sont devenus lévrons, c'est-à-dire lévriers encore plus petits.

Le grand danois, transporté en Irlande, en Ukraine, en Tartarie, en Epire, en Albanie, est devenu chien d'Irlande, et c'est le plus grand de tous les chiens.

Le dogue, transporté d'Angleterre en Danemark, est devenu petit danois; et ce même petit danois, transporté dans les climats chauds, est devenu chien turc. Toutes ces races, avec leurs variétés, n'ont été produites que par l'influence du climat, jointe à la douceur de l'abri, à l'effet de la nourriture, et au résultat d'une éducation soignée. Les autres chiens ne sont pas de races pures, et proviennent du mélange de ces premières races. J'ai marqué par des lignes ponctuées la double origine de ces races métives.

Le lévrier et le mâtin ont produits le lévrier métis, que l'on appelle aussi *lévrier à poil de loup*. Ce métis a le museau moins effilé que le grand lévrier, qui est très rare en France.

Le grand danois et le grand épagneul ont produit ensemble le chien de Calabre, qui est un beau chien à longs poils touffus, et plus grand par la taille que les plus gros mâtins.

L'épagneul et le basset produisent un autre chien que l'on appelle *burgos*.

L'épagneul et le petit danois produisirent le chien-lion, qui est maintenant fort rare.

Les chiens à longs poils, fins et frisés, que l'on appelle *bouffes*, et qui sont de la taille des plus grands barbets, viennent du grand épagneul et du grand barbet.

Le petit barbet vient du petit épagneul et du barbet.

Le dogue produit avec le mâtin un chien métis que l'on appelle *dogue de forte race*, qui est beaucoup plus gros que le vrai dogue, ou dogue d'Angleterre, et qui tient plus du dogue que du mâtin.

Le doguin vient du dogue d'Angleterre et du petit danois.

Tous ces chiens sont des métis simples, et viennent du mélange de deux races pures; mais il y a encore d'autres chiens qu'on pourrait appeler *doubles métis*, parce qu'ils viennent du mélange d'une race pure et d'une race déjà mêlée.

Le roquet est un double métis qui vient du doguin et du petit danois.

Le chien d'Alicante est aussi un double métis qui vient du doguin et du petit épagneul.

Le chien de Malte ou bichon est encore un double métis qui vient du petit épagneul et du petit barbet.

Enfin il y a des chiens qu'on pourrait appeler *triples métis*, parce qu'ils viennent du mélange de deux races déjà mêlées toutes deux: tel est le chien d'Artois, issois ou quatre-vingts, qui vient du doguin et du roquet; tels sont encore les chiens que l'on appelle vulgairement *chiens des rues*, qui ressemblent à tous les chiens en général sans ressembler à aucun en particulier, parce qu'ils proviennent du mélange de races déjà plusieurs fois mêlées.

LE CHAT.

Le chat est un domestique infidèle qu'on ne garde que par nécessité, pour l'opposer à un autre animal domestique encore plus incommode, et qu'on ne peut chasser : car nous ne comptons pas les gens qui, ayant du goût pour toutes les bêtes, n'élèvent les chats que pour s'en amuser ; l'un est usage, l'autre l'abus ; et quoique ces animaux, surtout quand ils sont jeunes, aient de la gentillesse, ils ont en même temps une malice innée, un caractère faux, un naturel pervers, que l'âge augmente encore, et que l'éducation ne fait que masquer. De voleurs déterminés ils deviennent seulement, lorsqu'ils sont bien élevés, souples et flatteurs comme les fripons ; ils ont la même adresse, la même subtilité, le même goût pour faire le mal, le même penchant à la petite rapine ; comme eux, ils savent couvrir leur marche, dissimuler leur dessein, épier les occasions, attendre, choisir l'instant de faire leur coup, se dérober ensuite au châtiment, fuir et demeurer éloignés jusqu'à ce qu'on les rappelle. Ils prennent aisément des habitudes de société, mais jamais des mœurs. Ils n'ont que l'apparence de l'attachement; on le voit à leurs mouvements obliques, à leurs yeux équivoques; ils ne regardent jamais en face la personne aimée; soit défiance ou fausseté, ils prennent des détours pour en approcher, pour chercher des caresses auxquelles ils ne sont sensibles que pour le plaisir qu'elles leur font. Bien différent de cet animal fidèle dont tous les sentiments se rapportent à la personne de son maître, le chat ne paraît sentir que pour soi, n'aimer que sous condition, ne se prêter au commerce que pour en abuser; et par cette convenance de naturel il est moins incompatible avec l'homme qu'avec le chien, dans lequel tout est sincère.

La forme du corps et le tempérament sont d'accord avec le naturel : le chat est joli, léger, adroit, propre et voluptueux : il aime ses aises, il cherche les meubles les plus mollets pour s'y reposer et s'ébattre.

Les chattes portent cinquante-cinq ou cinquante-six jours : elles ne produisent pas en aussi grand nombre que les chiennes; les portées ordinaires sont de quatre, de cinq ou de six. Comme les mâles sont sujets à dévorer leur progéniture, les femelles se cachent pour mettre bas; et lorsqu'elles craignent qu'on ne découvre ou qu'on n'enlève leurs petits, elles les transportent dans des trous et dans d'autres lieux ignorés ou inaccessibles; et, après les avoir allaités pendant quelques semaines, elles leur apportent des souris, des petits oiseaux, et les accoutument de bonne heure à manger de la chair : mais, par une bizarrerie difficile à comprendre, ces mêmes mères, si soigneuses et si tendres, deviennent quelquefois cruelles, dénaturées, et dévorent aussi leurs petits qui leur étaient si chers.

Les jeunes chats sont gais, vifs, jolis, et seraient aussi très-propres à amuser les enfants, si les coups de patte n'étaient pas à craindre ; mais leur badinage, quoique toujours agréable et léger, n'est jamais innocent, et bientôt il se tourne en malice habituelle ; et comme ils ne peuvent exercer ces talents avec quelque avantage que sur les petits animaux, ils se mettent à l'affût près d'une cage, ils épient les oiseaux, les souris, les rats, et deviennent d'eux-mêmes, et sans y être dressés, plus habiles à la chasse que les chiens les mieux instruits. Leur naturel, ennemi de toute contrainte, les rend incapables d'une éducation suivie. On raconte néanmoins que des moines grecs de l'île de Chypre avaient dressé des chats à chasser, prendre et tuer les serpents dont cette île était infestée ; mais c'était plutôt par le goût général qu'ils ont pour la destruction que par obéissance qu'ils chassaient ; car ils se plaisent à épier, attaquer, détruire assez indifféremment tous les animaux faibles comme les oiseaux, les jeunes lapins, les levrauts, les rats, les souris, les mulots, les chauves-souris, les taupes, les crapauds, les grenouilles, les lézards et les serpents. Ils n'ont aucune docilité ; ils manquent aussi de la finesse de l'odorat, qui, dans le chien, sont deux qualités éminentes ; aussi ne poursuivent-ils pas les animaux qu'ils ne voient plus : ils ne les chassent pas, mais ils les attendent, les attaquent par surprise, et, après s'en être joués longtemps, ils les tuent sans aucune nécessité, lors même qu'ils sont le mieux nourris et qu'ils n'ont aucun besoin de cette proie pour satisfaire leur appétit.

La cause physique la plus immédiate de ce penchant qu'ils ont à épier et surprendre les autres animaux vient de l'avantage que leur donne la conformation particulière de leurs yeux. La pupille, dans l'homme comme dans la plupart des animaux, est capable d'un certain degré de contraction et de dilatation : elle s'élargit un peu lorsque la lumière manque, et se rétrécit lorsqu'elle devient trop vive. Dans l'œil du chat et des oiseaux de nuit, cette contraction et cette dilatation sont si considérables, que la pupille, qui, dans l'obscurité, est ronde et large, devient au grand jour longue et étroite comme une ligne, et dès lors ces animaux voient mieux la nuit que

le jour, comme on le remarque dans les chouettes, les
hiboux, etc. ; car la forme de la pupille est toujours ronde
dès qu'elle n'est pas contrainte. Il y a donc contraction
continuelle dans l'œil du chat pendant le jour, et ce
n'est pour ainsi dire que par effort qu'il voit à une grande
lumière ; au lieu que dans le crépuscule la pupille re-
prenant son état naturel il voit parfaitement, et profite
de cet avantage pour reconnaître, attaquer et surprendre
les autres animaux.

On ne peut pas dire que les chats, quoique habitants
de nos maisons, soient des animaux entièrement domestiques : ceux qui sont le mieux apprivoisés n'en sont pas
plus asservis ; on peut même dire qu'ils sont entièrement
libres ; ils ne font que ce qu'ils veulent, et rien au monde
ne serait capable de les retenir un instant de plus dans
un lieu dont ils voudraient s'éloigner. D'ailleurs la plupart sont à demi-sauvages, ne connaissent pas leurs
maîtres, ne fréquentent que les greniers et les toits, et
quelquefois la cuisine et l'office, lorsque la faim les
presse. Quoiqu'on en élève plus que de chiens, comme
on les rencontre rarement, ils ne font pas sensation pour
le nombre ; aussi prennent-ils moins d'attachement pour
les personnes que pour les maisons : lorsqu'on les transporte à des distances assez considérables, comme à
une lieue ou deux, ils reviennent d'eux-mêmes à leur
grenier ; et c'est apparemment parce qu'ils en connaissent toutes les retraites à souris, toutes les issues, tous
les passages, et que la peine du voyage est moindre que
celle qu'il faudrait prendre pour acquérir les mêmes faci-
lités dans un nouveau pays. Ils craignent l'eau, le froid
et les mauvaises odeurs ; ils aiment à se tenir au soleil ;
ils cherchent à se giter dans les lieux les plus chauds,
derrière les cheminées ou dans les fours. Ils aiment
aussi les parfums, et se laissent volontiers prendre et
caresser par les personnes qui en portent : l'odeur de
cette plante que l'on appelle l'*herbe aux chats* les remue
si fortement et si délicieusement, qu'ils en paraissent
transportés de plaisir. On est obligé, pour conserver
cette plante dans les jardins, de l'entourer d'un treillage
fermé : les chats la sentent de loin, accourent pour s'y

frotter, passent et repassent si souvent par dessus, qu'ils
la détruisent en peu de temps.

A quinze ou dix-huit mois ces animaux ont pris tout
leur accroissement; ils sont aussi en état d'engendrer
avant l'âge d'un an, et peuvent s'accoupler pendant toute
leur vie, qui ne s'étend guère au-delà de neuf ou dix
ans; ils sont cependant très-durs, très-vivaces, et ont
plus de nerf et de ressort que d'autres animaux qui vivent plus longtemps.

Les chats ne peuvent mâcher que lentement et difficilement : leurs dents sont si courtes et si mal posées,
qu'elles ne leur servent qu'à déchirer et non pas à broyer
les aliments : aussi cherchent-ils de préférence les viandes les plus tendres : ils aiment le poisson, et le mangent cuit ou cru. Ils boivent fréquemment. Leur sommeil est léger, et ils dorment moins qu'ils ne font sem-
blant de dormir. Ils marchent légèrement, presque toujours en silence et sans faire aucun bruit ; ils se cachent
et s'éloignent pour rendre leurs excréments, et les recou-
vrent de terre. Comme ils sont propres, et que leur robe
est toujours sèche et lustrée, leur poil s'électrise aisément, et l'on en voit sortir des étincelles dans l'obscurité lorsqu'on le frotte avec la main. Leurs yeux aussi
brillent dans les ténèbres, à peu près comme les dia-
mants, qui réfléchissent au dehors, pendant la nuit, la
lumière dont ils se sont pour ainsi dire imbibés pendant le jour.

Le chat sauvage produit avec le chat domestique, et
tous deux ne font par conséquent qu'une seule et même
espèce. Il n'est pas rare de voir des chats mâles et femelles quitter les maisons dans le temps de la chaleur
pour aller dans les bois chercher les chats sauvages, et
revenir ensuite à leur habitation : c'est par cette raison
que quelques-uns de nos chats domestiques ressemblent
tout à fait aux chats sauvages; la différence la plus réelle
est à l'intérieur. Le chat domestique a ordinairement
les boyaux beaucoup plus long que le chat sauvage; cependant le chat sauvage est plus fort et plus gros que le

chat domestique ; il a toujours les lèvres noires, les oreilles plus roides, la queue plus grosse et les couleurs constantes. Dans ce climat, on ne connaît qu'une espèce de chat sauvage, et il paraît, par le témoignage des voyageurs, que cette espèce se retrouve aussi dans presque tous les climats, sans être sujette à de grandes variétés. Il y en avait dans le continent du nouveau monde avant qu'on en eût fait la découverte : un chasseur en porta un qu'il avait pris dans le bois à Christophe Colomb. Ce chat était d'une grosseur ordinaire ; il avait le poil gris-brun, la queue très-longue et très-forte. Il y avait aussi de ces chats sauvages au Pérou, quoiqu'il n'y en eût point de domestiques ; il y en a au Canada, dans le pays des Illinois, etc. On en a vu dans plusieurs endroits de l'Afrique, comme en Guinée, à la Côte-d'Or, à Madagascar, où les naturels du pays avaient même des chats domestiques ; au cap de Bonne-Espérance, ou Kolbe dit qu'il se trouve aussi des chats sauvages de couleur bleue, quoiqu'en petit nombre. Ces chats bleus, ou plutôt couleur d'ardoise, se retrouvent en Asie. « Il y a en

» Perse, dit Pietro della Valle, une espèce de chats qui
» sont proprement de la province du Korazan ; leur
» grandeur et leur forme sont comme celle du chat ordi-
» naire ; leur beauté consiste dans leur couleur et dans
» leur poil, qui est gris, sans aucune moucheture et
» sans nulle tache, d'une même couleur par tout le corps,
» si ce n'est qu'elle est un peu plus obscure sur le dos
» et sur la tête, et plus claire sur la poitrine et sur le
» ventre, qui va quelquefois jusqu'à la blancheur, avec
» ce tempérament agréable de clair obscur, comme par-
» lent les peintres, qui, mêlés l'un dans l'autre, font un
» merveilleux effet : de plus, leur poil est délié, fin, lus-
» tré, mollet, délicat comme la soie, et si long, que
» quoiqu'il ne soit pas hérissé, mais couché, il est an-
» nelé en quelques endroits, et particulièrement sous la
» gorge. Ces chats sont entre les autres chats ce que les
» barbets sont entre les chiens. Le plus beau de leur
» corps est la queue, qui est fort longue, et toute cou-
» verte de poils longs de cinq ou six doigts : ils l'éten-
» dent et la renversent sur leur dos comme font les écu-
» reuils, la pointe en haut, en forme de panache. Ils

» sont fort privés. Les Portugais en ont porté de Perse
» jusqu'aux Indes. » Pietro della Valle ajoute qu'il en
avait quatre couples; qu'il comptait porter en Italie. On
voit par cette description que ces chats de Perse ressemblent par la couleur à ceux que nous appelons *chats
chartreux*, et qu'à la couleur près, ils ressemblent parfaitement à ceux que nous appelons *chats d'Angora*. Il
est donc vraisemblable que les chats du Korazan en
Perse, le chat d'Angora en Syrie et le chat chartreux, ne
font qu'une même race, dont la beauté vient de l'influence particulière du climat de Syrie, comme les chats
d'Espagne, qui sont rouges, blancs et noirs, et dont le
poil est aussi très-doux et très-lustré, doivent cette
beauté à l'influence du climat de l'Espagne. On peut dire
en général que de tous les climats de la terre habitable,
celui d'Espagne et celui de Syrie sont les plus favorables à
ces belles variétés de la nature: les moutons, les chèvres,
les chats, les lapins, etc., ont en Espagne et en Syrie la
plus belle laine, les plus beaux et les plus longs poils,
les couleurs les plus agréables et les plus variées; il
semble que ce climat adoucisse la nature et embellisse
la forme de tous les animaux. Le chat sauvage a les couleurs dures et le poil un peu rude, comme la plupart des
autres animaux sauvages : devenu domestique, le poil
s'est radouci, les couleurs ont varié, et dans le climat
favorable du Korazan et de la Syrie le poil est devenu
plus long, plus fin, plus fourni, et les couleurs se sont
uniformément adoucies; le noir et le roux sont devenus
d'un brun clair, le gris-brun est devenu gris-cendré; et
en comparant un chat sauvage de nos forêts avec un
chat chartreux, on verra qu'ils ne diffèrent en effet que
par cette dégradation nuancée de couleurs : ensuite,
comme ces animaux ont plus ou moins de blanc sous le
ventre et aux côtés, on concevra aisément que pour avoir
des chats tout blancs et à longs poils, tels que ceux que
nous appelons proprement *chats d'Angora*, il n'a fallu
que choisir dans cette race adoucie ceux qui avaient le
plus de blanc aux côtés et sous le ventre, et qu'en les
unissant ensemble on sera parvenu à leur faire produire
des chats entièrement blancs, comme on l'a fait aussi
pour avoir des lapins blancs, des chiens blancs, des chè-

vres blanches, des cerfs blancs, des daims blancs, etc.
Dans le chat d'Espagne, qui n'est qu'une autre variété
du chat sauvage, les couleurs, au lieu de s'être affaiblies
par nuances uniformes comme dans le chat de Syrie, se
sont, pour ainsi dire, exaltées dans le climat d'Espagne,
et sont devenues plus vives et plus tranchées ; le roux
est devenu presque rouge, le brun est devenu noir et le
gris est devenu blanc. Ces chats, transportés aux îles de
l'Amérique, ont conservé leurs belles couleurs, et n'ont
pas dégénéré. « Il y a aux Antilles, dit le P. Du Tertre,
« grand nombre de chats qui vraisemblablement y ont
« été apportés par les Espagnols : la plupart sont mar-
« qués de roux, de blanc et de noir. Plusieurs de nos
« Français, après en avoir mangé la chair, emportent
« les peaux en France pour les vendre. Ces chats, au
« commencement que nous fûmes dans la Guadeloupe,
« étaient tellement accoutumés à se repaître de perdrix,
« de tourterelles, de grives et d'autres petits oiseaux,
« qu'ils ne daignaient pas regarder les rats ; mais le gi-
« bier étant actuellement fort diminué, ils ont rompu la
« trève avec les rats, ils leur font bonne guerre, etc. »
En général les chats ne sont pas, comme les chiens, sujets à s'altérer et à dégénérer lorsqu'on les transporte
dans les climats chauds.

Nous terminerons ici l'histoire du chat, et en même
temps l'histoire des animaux domestiques. Le cheval,
l'âne, le bœuf, la brebis, la chèvre, le cochon, le chien
et le chat, sont nos seuls animaux domestiques. Nous n'y
joignons pas le chameau, l'éléphant, le renne, et les autres, qui, quoique domestiques ailleurs, n'en sont pas
moins étrangers pour nous ; et ce ne sera qu'après avoir
donné l'histoire des animaux sauvages de notre climat,
que nous parlerons des animaux étrangers. D'ailleurs,
comme le chat n'est, pour ainsi dire, qu'à demi domestique, il fait la nuance entre les animaux domestiques et
les animaux sauvages ; car on ne doit pas mettre au nombre des domestiques, des voisins incommodes, tels que
les souris, les rats, les taupes, qui, quoique habitants
de nos maisons ou de nos jardins, n'en sont pas moins
libres et sauvages, puisqu'au lieu d'être attachés et sou-

mis à l'homme, ils le fuient et que, dans leurs retraites obscures, ils conservent leurs mœurs, leur habitude et leur liberté toute entière.

On a vu dans l'histoire de chaque animal domestique combien l'éducation, l'abri, le soin, la main de l'homme, influent sur le naturel, sur les mœurs, et même sur la forme des animaux : on a vu que ces causes, jointes à l'influence du climat, modifient, altèrent et changent les espèces, au point d'être différentes de ce qu'elles étaient originairement, et rendent les individus si différents entre eux dans le même temps et dans la même espèce, qu'on aurait raison de les regarder comme des animaux différents, s'ils ne conservaient pas la faculté de produire ensemble des individus féconds; ce qui fait le caractère essentiel et unique de l'espèce. On a vu que les différentes races de ces animaux domestiques suivent dans les différents climats le même ordre à peu près que les races humaines; qu'ils sont, comme les hommes, plus forts, plus grands et plus courageux dans les pays froids; plus civilisés, plus doux dans le climat tempéré; plus lâches, plus faibles et plus laids dans les climats trop chauds; que c'est encore dans les climats tempérés et chez les peuples les plus policés que se trouvent la plus grande diversité, le plus grand mélange, et les plus nombreuses variétés dans chaque espèce.

LIMOGES. — IMPRIMERIE DE CHARLES BARBOU.

www.ingramcontent.com/pod-product-compliance
Lightning Source LLC
Chambersburg PA
CBHW050108210326
41519CB00015BA/3872